FabLab Global Survey

Resultados de un estudio sobre el desarrollo de la cultura colaborativa.

Francisco Javier Lena Acebo   **María Elena García Ruiz**

FabLab Global Survey es un trabajo autofinanciado e independiente que se integra como parte de un proyecto de investigación desarrollado por el grupo **ATICI** (Aplicación de las Tecnologías de la Información para la Competitividad e Innovación) del **Departamento de Administración de Empresas** de la **Universidad de Cantabria** [www.unican.es].

Autores:

- **Francisco Javier Lena-Acebo.**
Profesor del Departamento de Administración de Empresas.
Universidad de Cantabria.

- **María Elena García-Ruiz.**
Profesora del Departamento de Administración de Empresas.
Universidad de Cantabria.

Editores:

Francisco Javier Lena Acebo y María Elena García Ruiz.

Primera Edición.
Santander, julio de 2016

Depósito Legal:
SA-429-2016
ISBN:
978-1-326-72841-0

Sugerencia de cita:

Lena-Acebo, F.J., García-Ruíz, M.E. (2016). *FabLab Global Survey. Resultados de un estudio sobre el desarrollo de la cultura colaborativa*. Raleigh, USA. Editorial LuLu.com.

Contacto:

Francisco J. Lena Acebo:
   franciscojavier.lena@unican.es
María Elena García Ruíz:
   elena.garcia@unican.es

Agradecimientos:

FabLab Global Survey es un trabajo realizado gracias a la implicación de todos los laboratorios que han participado en el cuestionario (muchas gracias por dedicarnos vuestro impagable tiempo) así como de varias personas que, de una u otra forma, han brindado su ayuda para llevar a cabo este estudio.

Para nosotros también es importante y necesario agradecer la inestimable colaboración y apoyo de Massimo Menichinelli, Laurent Brunel [FabLab Santander], Slizárd Kados [Deusto FabLab], Daniel García [FabLab IED Madrid], Juan Carlos Castro [FabLab Alicante], Milena Orlandini y Ángela María Bedoya [Tinkerers Lab], Juan Carlos Pérez Juidias y José Pérez de Lama [FabLab ETSA Sevilla], César García Sáez [Makespace Madrid], Tomás Díez [FabLab IaaC Barcelona], Nuria Robles y Cesáreo González [FabLab León], Covadonga Lorenzo [FabLab CEU Madrid], Daniel Pietrosemoli y Gabriel Lucas [MadiaLab Prado, Madrid], Roberto Steck-Ibarra [Artilect FabLab Toulouse], Javier Hernández y Víctor Gómez [FabLab Terrassa], Fabricio Santos [FabLab UE Madrid] y Mathieu Laverne. A todos ellos, a los compañeros y amigos del FabLab Santander, y a muchas más personas, por su incalculable ayuda en la realización de esta y otras investigaciones llevadas a cabo por el grupo; Gracias.

En el desarrollo del cuestionario es necesario agradecer, también, a los miembros y participantes del grupo focal su participación, así como a todos los miembros del panel de expertos de la validación Delphi su profesionalidad y diligencia. Del mismo modo, agradecemos a nuestros compañeros del grupo de investigación ATICI su inestimable ayuda.

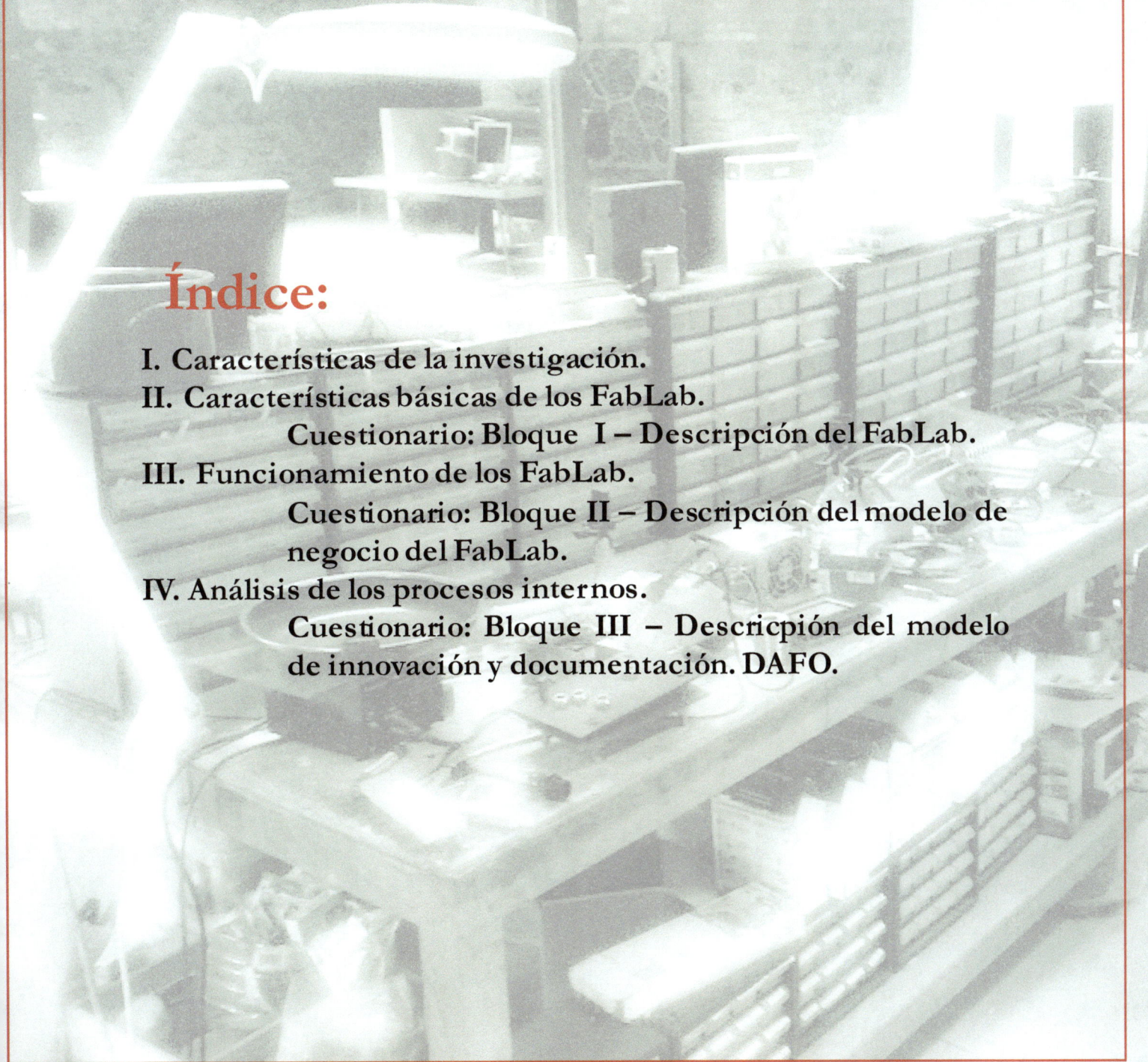

Índice:

Introducción.

No hay duda de que los Laboratorios de Fabricación Digital son, actualmente, un fenómeno en auge. La popularización de elementos tecnológicos apropiados para el prototipado y el diseño como las impresoras 3D, las cortadoras láser o la microelectrónica OpenHardware y el cambio cultural que propicia la evolución del DIY (Do It Yourself) al DIWO (Do It With Others), han servido de perfecto trampolín para la popularización de un nuevo espacio de creación digital amparado en la cultura Maker: los FabLabs.

Desde su surgimiento de la mano de Neil Gershenfeld en el CBA (Center for Bits and Atoms) del MIT (Massachusetts Institute of Technology), los FabLab luchan por evitar la consideración de "almacén de máquinas de trabajo" recalcando la relevancia de los procesos de comunidad, como el intercambio de conocimiento y el aprendizaje en su faceta más humana, a la par que logran una sostenibilidad económica que proporcione viabilidad a su desarrollo.

Pese a contar con una serie de características comunes, la amplia variedad de los FabLab existentes diseminados por todo el globo terrestre dificulta el establecimiento de patrones comunes avanzados para su clasificación.

En los últimos años, y gracias a su notoria evolución, se han venido realizando diversos estudios sobre las características principales de los FabLab y el movimiento Maker, su modelo de negocio, sus patrones de trabajo, sus características sociales, ... pero en la práctica mayoría de ellos, los datos y sus conclusiones no han sido liberados. Esta falta de información sobre estudios previos provoca que los nuevos estudios se desarrollen abordando una y otra vez los mismos aspectos, desbordando a los Laboratorios de Fabricación Digital mediante el envío de cuestionarios y solicitudes de realización de entrevistas, saturándolos. Esta desagradable situación provoca una reacción lógica de baja participación y colaboración por una comprensible sobrecarga y limita el avance de las investigaciones.

A través del presente estudio se comparte públicamente la información referente al "estado del arte" del movimiento FabLab en el año 2016 a través de sus datos, tomando como referencia la información obtenida a partir del cuestionario FabLab Global Survey desarrollado por el grupo ATICI (Aplicación de las Tecnologías de la Información para la Competitividad y la Innovación) del Departamento de Administración de Empresas de la Universidad de Cantabria. Con él se pretende generar un documento que sirva como información inicial a los grupos de interés que tengan como referencia a los laboratorios de Fabricación Digital, de forma que pueda establecerse como apoyo y punto de inicio de otras investigaciones a través de su distribución bajo licencia Creative Commons 4.0 [CC-BY] (https://creativecommons.org/licenses/by/4.0/).

I
Características de la investigación

Metodología de la investigación.

Los resultados mostrados en esta publicación se basan en los datos obtenidos a través del cuestionario FabLab Global Survey. Construido en 2015 para paliar en gran medida las deficiencias informativas en torno al movimiento FabLab y la fabricación digital a partir de las indicaciones de un grupo de expertos, y validado a través de un proceso Delphi.

Para su distribución, se empleó la lista de FabLabs inscritos en FabLabs.io enviando un total de 473 correos electrónicos a los que se añadieron 9 laboratorios más cuyas referencias se obtuvieron de diferentes redes sociales. Una vez descartados las referencias inválidas, la población efectiva quedó reducida a 445 Laboratorios de Fabricación Digital contactados de los que se obtuvieron 124 respuestas. Para el estudio se consideraron como válidas, bajo criterio de calidad científica, aquellas participaciones que alcanzaron más de un 50% de respuestas efectivas en el cuestionario, limitando el número de respuestas a 95, lo que establece una tasa de respuesta del 21,34% sobre el tamaño la población considerada.

En la obtención de información a través del cuestionario, se garantizó el anonimato de los participantes, respondiendo así a las peticiones de varios de ellos.

El cuestionario se distribuyó a través de un servidor online con la plataforma LimeSurvey para facilitar la participación. En su estructura cuenta con un total de 41 preguntas de diversa tipología distribuidas en tres bloques de información:

Bloque I: Descripción del FabLab
Bloque II: Descripción del modelo de negocio
Bloque III: Modelo de innovación y documentación, DAFO

En los diferentes apartados del trabajo aquí mostrados se incluye una breve descripción de la correspondiente pregunta existente en el cuestionario distribuido a los diferentes laboratorios así como el tratamiento de la información realizado en el caso en el que esta información sea relevante. No se incluyen en el informe las preguntas iniciales relativas a la ubicación, nombre, o fecha de creación pero sí se aporta la información obtenida a través de ellas en el primer apartado de resultados. La numeración de las preguntas corresponde a su numeración en el cuestionario, sin mostrar en este trabajo las preguntas de tipo abierto correspondientes en cada caso.

El cuestionario fue enviado a **445** laboratorios de fabricación digital repartidos por todo el mundo. Se recibieron **124** respuestas de las cuales sólo se consideraron válidas para la investigación **95** respuestas.

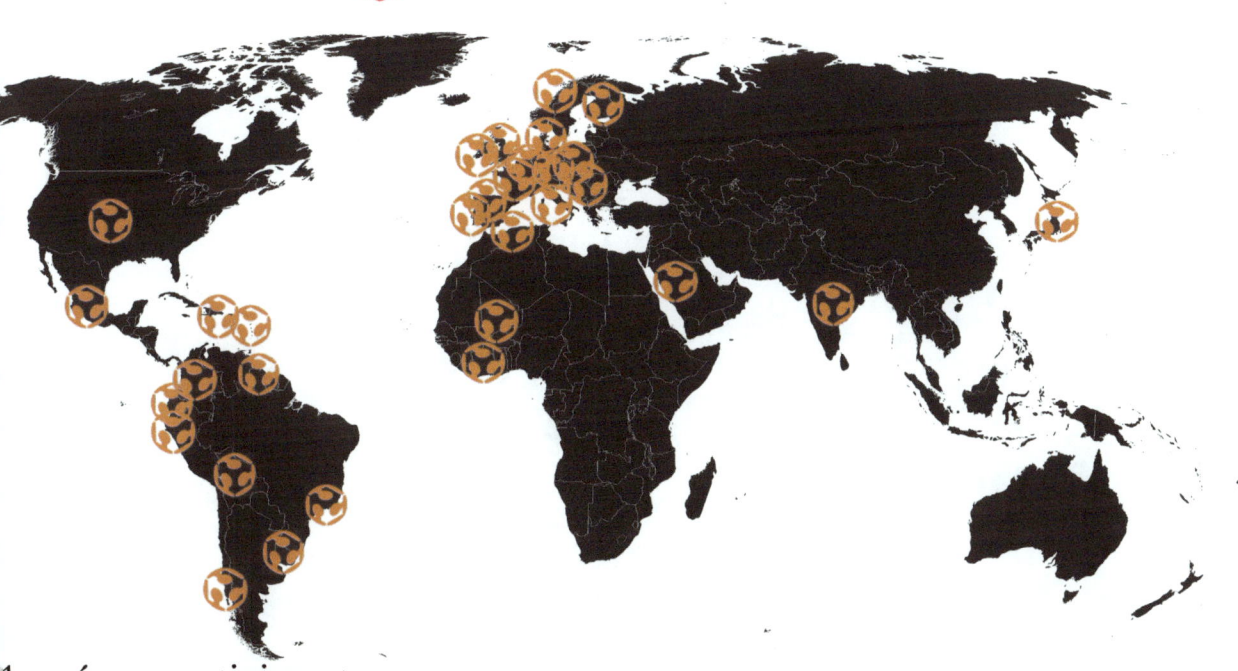

1 países participantes:

Alemania	Francia	Paraguay
Bélgica	Guadalupe (Fr)	Perú
Brasil	Holanda	Portugal
Chile	India	Puerto Rico
Colombia	Irlanda	Reino Unido
Costa de marfil	Italia	Serbia
Dinamarca	Japón	Suiza
Ecuador	Mali	Surinam
España	Marruecos	Uruguay
Estados Unidos	México	
Finlandia	Noruega	

Características de la investigación.

Participantes:

En el estudio se implicaron FabLabs de **89** ciudades diferentes distribuidos por todo el planeta.

Champs-sur-Marne Castelldefels
Antofagasta Cottbus
Sant-Cugat-del-Vallès Dijon Curabo
Apple Reynoldsburg Bilbao Anvers Charlotte
Abidjan Brest Trieste Santiago-de-Chile Aberdeen Gijón
Coimbra Independence Zürich
Cintegabelle Barcelona Palma-de-Mallorca Utica Cardiff
Sassari Montpellier Lannion Terrassa Cali
Hamilton Limerick Madrid Odense Hamburg Valley
Butler Trivandrum Medellín León Puebla Crest
Alicante Liege Oulu Monterrey Paris Casablanca
Glasgow Le-Havre Merishausen London Lima Tokyo Mahault
Baie Honolulu Montevideo Porto
San-Lorenzo Leuven Paramaribo Sevilla Bellingham
Soustons Iowa-City Schwabach Belgrade
Chattanooga Enschede Boston Quito Pesaro Roskilde Ahmedabad
Bamako São-Paulo Braganca Aalesund
Albuquerque Santander Don-Benito
Grenoble Bruxelles
Ciudad-de-México Cáceres Grassano
Copenhagen
Chateau-Thierry

Alemania 12,9% (4/31)
- FabLab Cottbus e.V
- FabLab Fabulous St. Pauli e.V.
- machBar
- Open Lab

Bélgica 28,6% (4/14)
- FabLab+
- OpenFab
- FabLab Leuven
- Relab

Brasil 6,3% (1/16)
- Insper FabLab

Chile 40% (2/5)
- FabLab Atacama-Ais
- FAB851

Colombia 40% (2/5)
- FabLab Cali
- FabLab UNAL

Costa de Marfil 100% (1/1)
- Baby Lab

Dinamarca 42,9% (3/7)
- Copenhagen Fablab
- FabLab Innovation
- FabLab RUC

Ecuador 50% (2/4)
- 3D.Lab
- FabLab ZOI

España 66,7% (18/27)
- FabLab Alicante
- FabLab Barcelona
- MADE Makerspace
- Deusto FabLab
- Smart Open Lab
- FabLab Garaje 2.0
- Tinkerers Lab
- FabLab Agrotech
- fabLAB Asturias
- FabLab León
- FabLab IED Madrid
- Medialab-Prado Fablab
- FabLab Madrid CEU
- Fablab Palma
- FabLab Sant Cugat
- FabLab Santander
- FabLab Sevilla
- FabLab Terrassa

EE.UU.
10,9%
(13/119)

- FabLab Albuquerque
- FabLab Apple Valley
- The Foundry
- South End Technology Center FabLab
- BC3 FabLab
- FabLab Charlotte Latin
- STEM School Chattanooga FabLab
- Bitterroot FabLab
- Lower School S.T.E.M./FabLab
- FabLab ICC
- S.T.E.A.M. FabLab
- Reynoldsburg Battelle FabLab
- MVCC FABLab

Finlandia
50%
(1/2)

- FabLab Oulu

Francia
15,7%
(13/83)

- TyFab
- FabLab Descartes
- FabLab Chateau Thierry
- FabLab Sud31-Val d'Ariège
- 8 Fablab Drôme
- Kelle Fabrik Fablab Dijon
- FabLab La Casemate
- KerNel FabLab Lannion
- LH3D fablab
- bio-Fab
- Carrefour Numérique[2]
- Le petit fablab de paris
- L'Établi

Guadalupe [Francia]
100%
(1/1)

- Le FabLab de Jarry

India
12,5%
(2/16)

- FabLab CEPT
- Fab Lab Trivandrum

Irlanda
33,3%
(1/3)

- FabLab Limerick

Italia
6,2%
(4/65)

- Syskrack Lab
- FabLab Pesaro
- FabLab UniSS
- ICTP SciFabLab

Japón
7,1%
(1/14)

- FabLab Shibuya

Mali
50%
(1/2)

- ESIAULAB

Marruecos
100%
(1/1)

- FabLab Casablanca

México
37,5%
(3/8)

- FabLab Impact MX
- FabLab UANL
- FabLab Puebla

Noruega
25%
(1/4)

- FabLab NTNU

Países Bajos
3,6%
(1/28)

- Saxion FabLab Enschede

Paraguay
100%
(1/1)

- FabLab CIDi FADA

Perú
12,5%
(1/8)

Fab Lab Lima

Portugal
27,3%
(3/11)

FabLab IPB
FabLab Coimbra
OPO'lab

Puerto Rico
100%
(1/1)

FabLab Puerto Rico

Reino Unido
14,3%
(4/28)

MAKEAberdeen
FabLab Cardiff
FabLab @ strathclyde
Machines Room

Serbia
50%
(1/2)

Polyhedra

Suiza
18,2%
(2/11)

FabLab Underes Ätzisloo
FabLab Zürich

Surinam
100%
(1/1)

FabLab Suriname

Uruguay
100%
(1/1)

Sinergia Tech

II
Características básicas de los FabLab.
Cuestionario: Bloque I – Descripción del FabLab

Año de formación:

La rápida expansión de los FabLab les convierte en un fenómeno único. Desde sus inicios, el número aumenta de forma rápida año tras año pasando de los 450 laboratorios al comienzo de esta investigación (2015) para llegar a los 678 laboratorios existentes en Junio de 2016.

Año de inicio de actividad de los FabLab participantes en el FabLab Global Survey

(N=95)

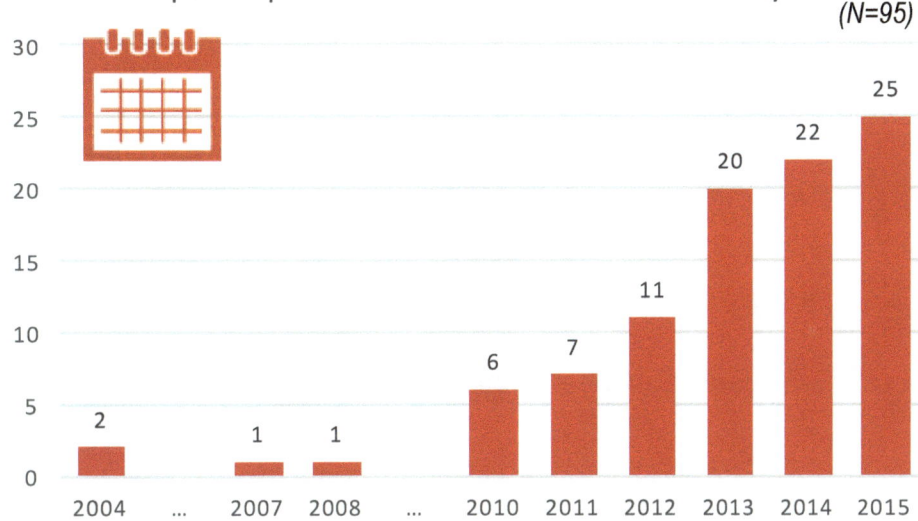

Evolución del número de Fab Labs 2003-2016

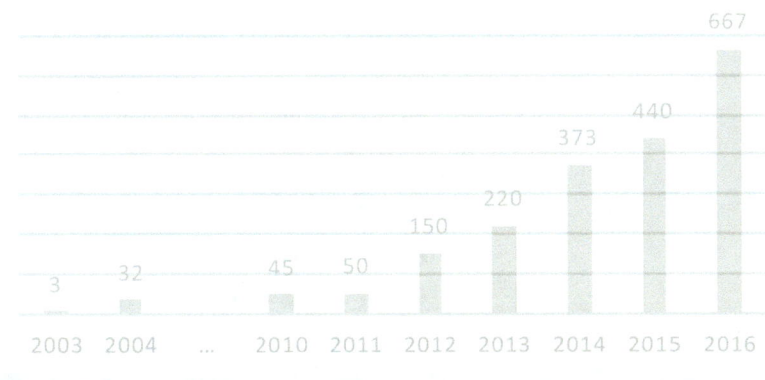

34%

De los FabLab inscritos en FabLabs.io han iniciado su actividad en los primeros 6 meses de 2016

Características básicas de los FabLab.

25

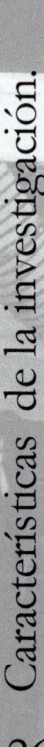

Superficie media de las instalaciones.

[P.5. (Tipo: Respuesta Abierta)¿Could you approximate your FabLab surface area?.].
Tratamiento: Distribución en bloques significativos de superficies.

Superficie del local (m²)

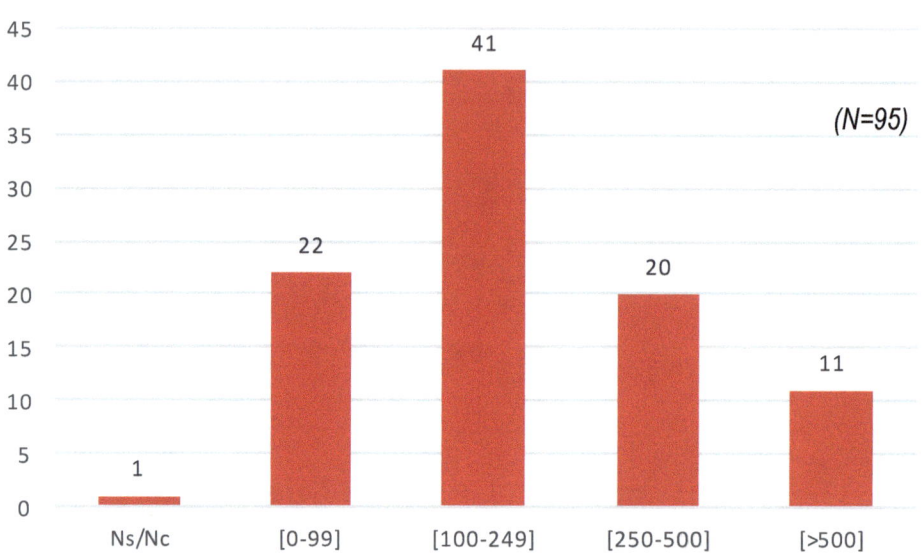

(N=95)

Ns/Nc	[0-99]	[100-249]	[250-500]	[>500]
1	22	41	20	11

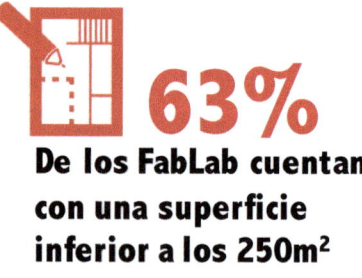

63%
**De los FabLab cuentan
con una superficie
inferior a los 250m²**

Socios registrados y asistencia de usuarios:

[P.6.(Tipo: Respuesta Abierta) Please, provide a brief descritption of your FabLab users number:
a) Registered Users (Approximately)
b) Currently users (Approximately).].

Tratamiento: Distribución en bloques significativos de número de usuarios.

Usuarios registrados

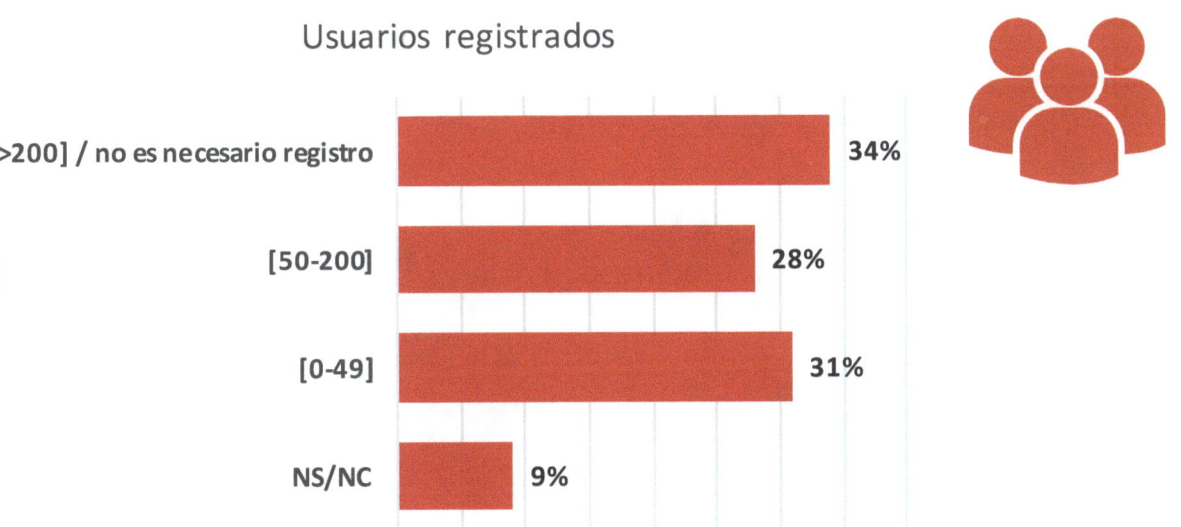

Categoría	Porcentaje
[>200] / no es necesario registro	34%
[50-200]	28%
[0-49]	31%
NS/NC	9%

Usuarios habituales

(N=95)

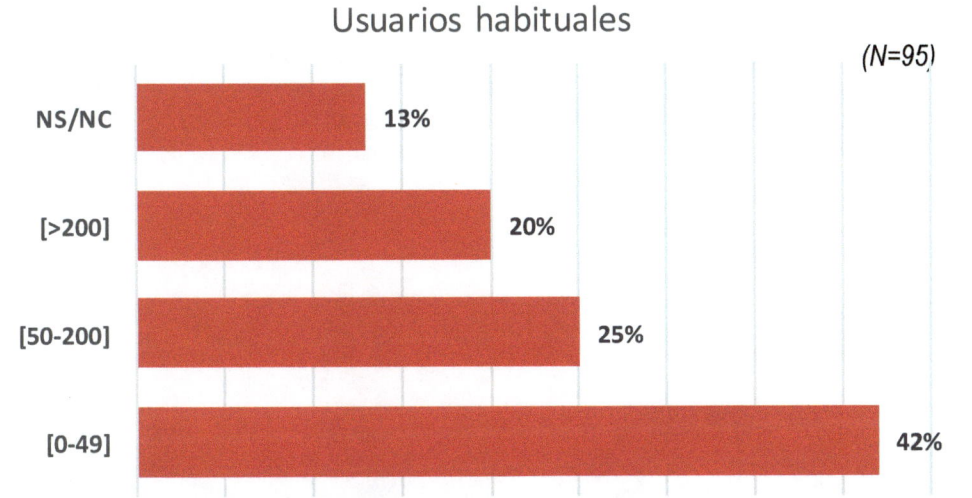

Categoría	Porcentaje
NS/NC	13%
[>200]	20%
[50-200]	25%
[0-49]	42%

Ratio Usuarios habituales / Usuarios registrados.

Tratamiento: Cálculo de ratio a través de respuestas válidas de la pregunta P.5. para su posterior distribución en bloques significativos de número de usuarios .

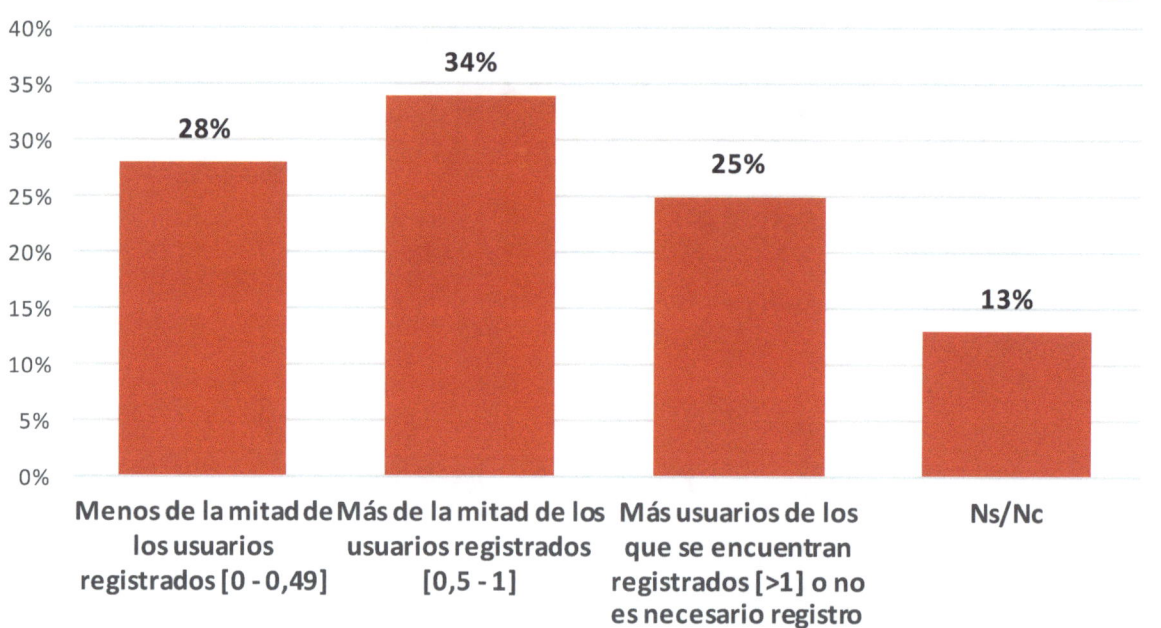

Ratio usuarios habituales / usuarios registrados.

- Menos de la mitad de los usuarios registrados [0 - 0,49]: 28%
- Más de la mitad de los usuarios registrados [0,5 - 1]: 34%
- Más usuarios de los que se encuentran registrados [>1] o no es necesario registro: 25%
- Ns/Nc: 13%

Estimación de presupuesto anual:

[P.7. (Tipo Respuesta Abierta). Could you approximate your annual budget?].
Tratamiento: Distribución en rangos significativos de presupuestos.

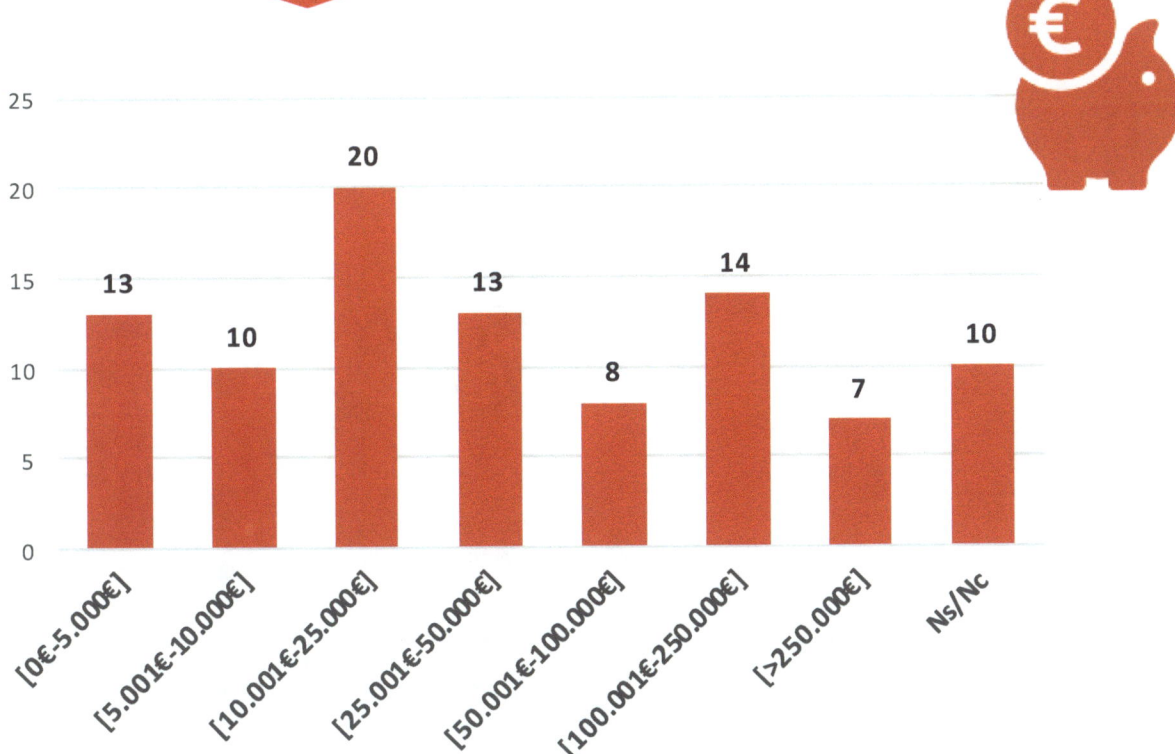

 **70%** [N=96]
de los FabLab cuenta con un presupuesto superior a los 10.000€ anuales.

Tipos de usuario principales

[P.8. (Tipo Ranking + Respuesta Abierta). Main background / Areas of activity of your current users.].
Tratamiento: Agrupación en función de primera y primera y segunda elección en ránking.

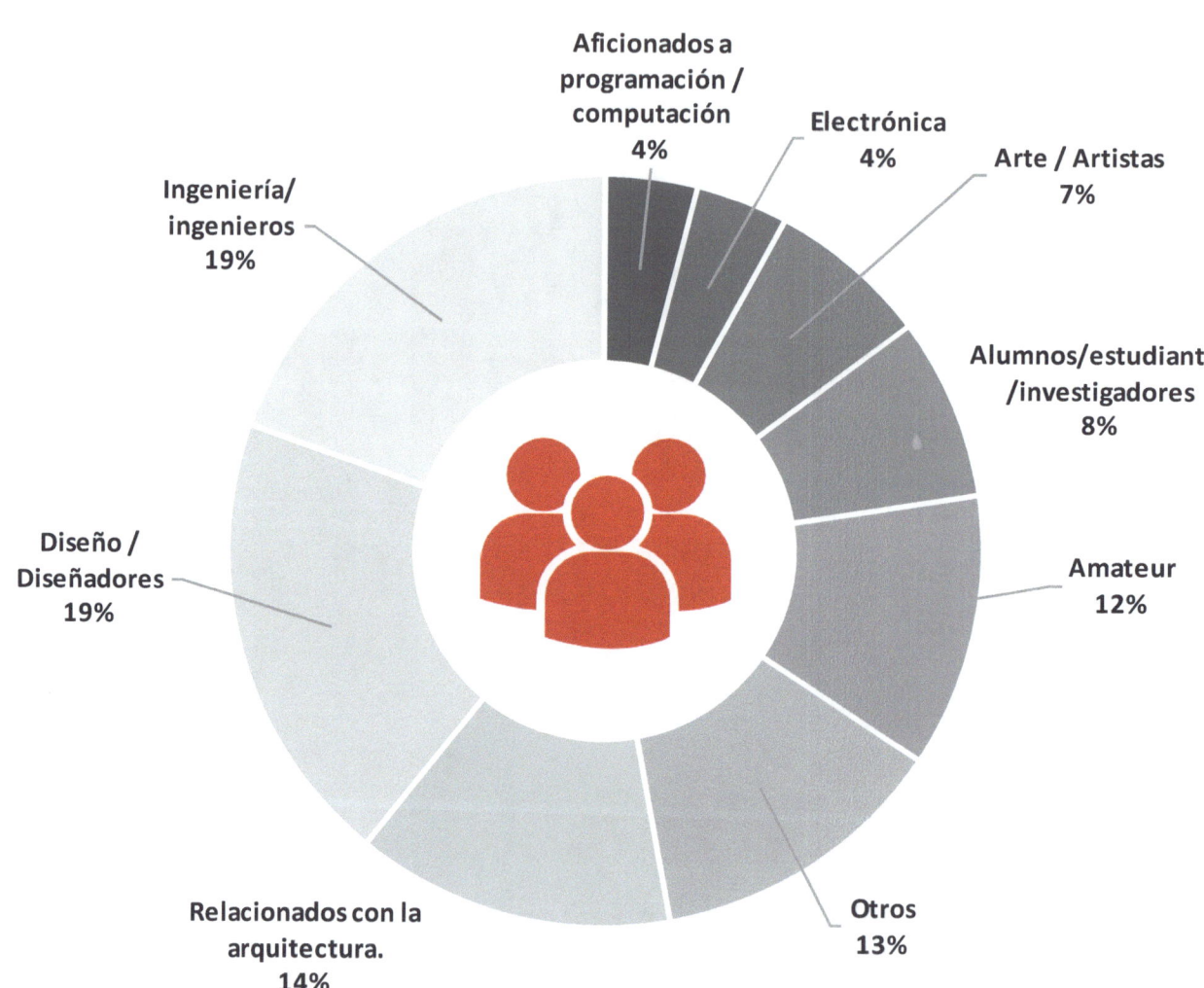

Aficionados a programación / computación 4%

Electrónica 4%

Arte / Artistas 7%

Ingeniería/ ingenieros 19%

Alumnos/estudiantes /investigadores 8%

Diseño / Diseñadores 19%

Amateur 12%

Relacionados con la arquitectura. 14%

Otros 13%

Herramientas y material habitual:

[P.10. (Tipo Selección Múltiple + Respuesta Abierta). Please, indicate which of the following items are available on your FabLab.].
Tratamiento: Agrupación de respuestas abiertas con valores significativos.

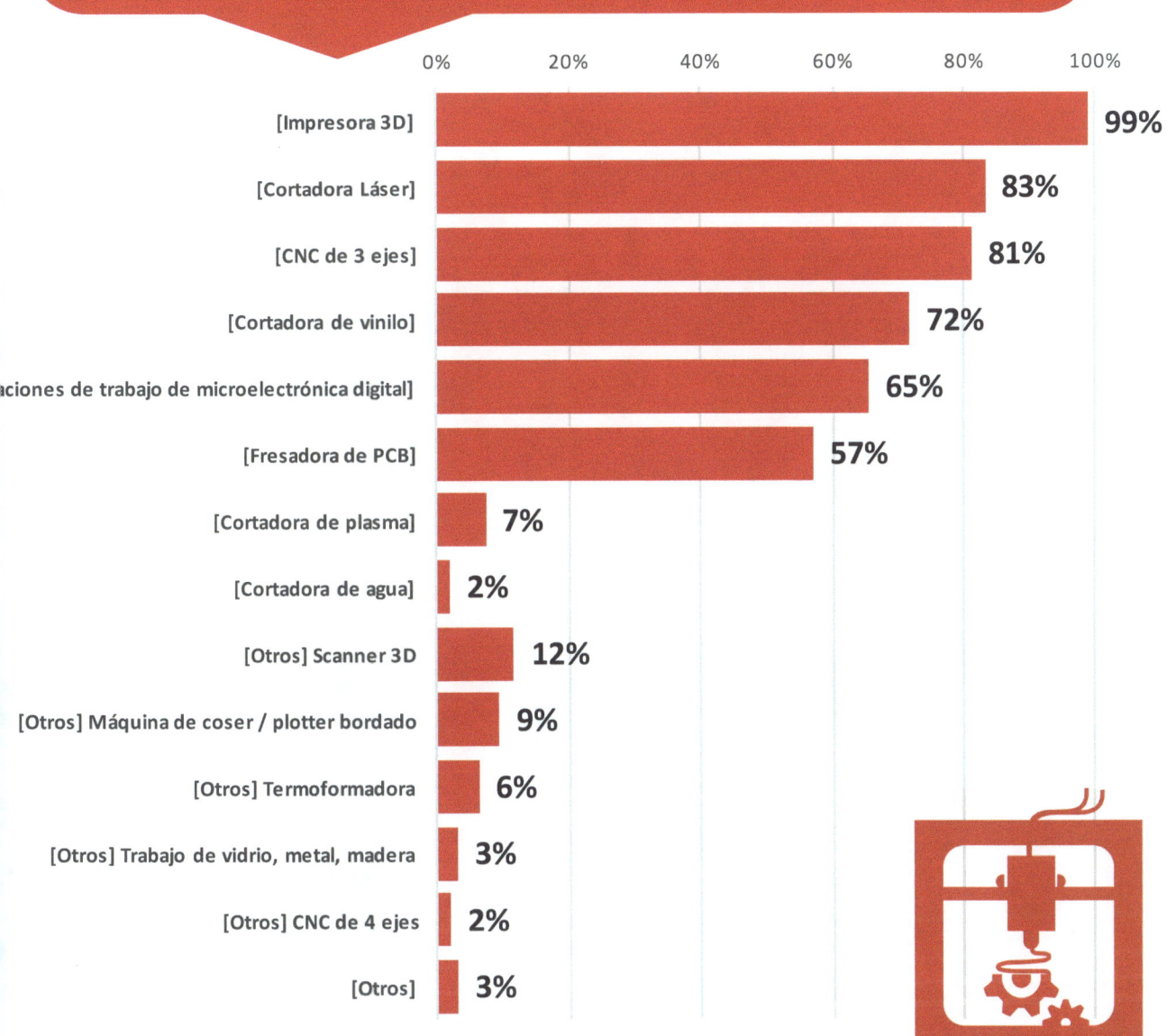

[Impresora 3D]	99%
[Cortadora Láser]	83%
[CNC de 3 ejes]	81%
[Cortadora de vinilo]	72%
...aciones de trabajo de microelectrónica digital]	65%
[Fresadora de PCB]	57%
[Cortadora de plasma]	7%
[Cortadora de agua]	2%
[Otros] Scanner 3D	12%
[Otros] Máquina de coser / plotter bordado	9%
[Otros] Termoformadora	6%
[Otros] Trabajo de vidrio, metal, madera	3%
[Otros] CNC de 4 ejes	2%
[Otros]	3%

Tipos de empleados principales.

[P.11. (Tipo: Respuesta Categorizada). How many of these employees works in your FabLab?.].
Tratamiento: Agrupación de respuestas en bloques significativos.

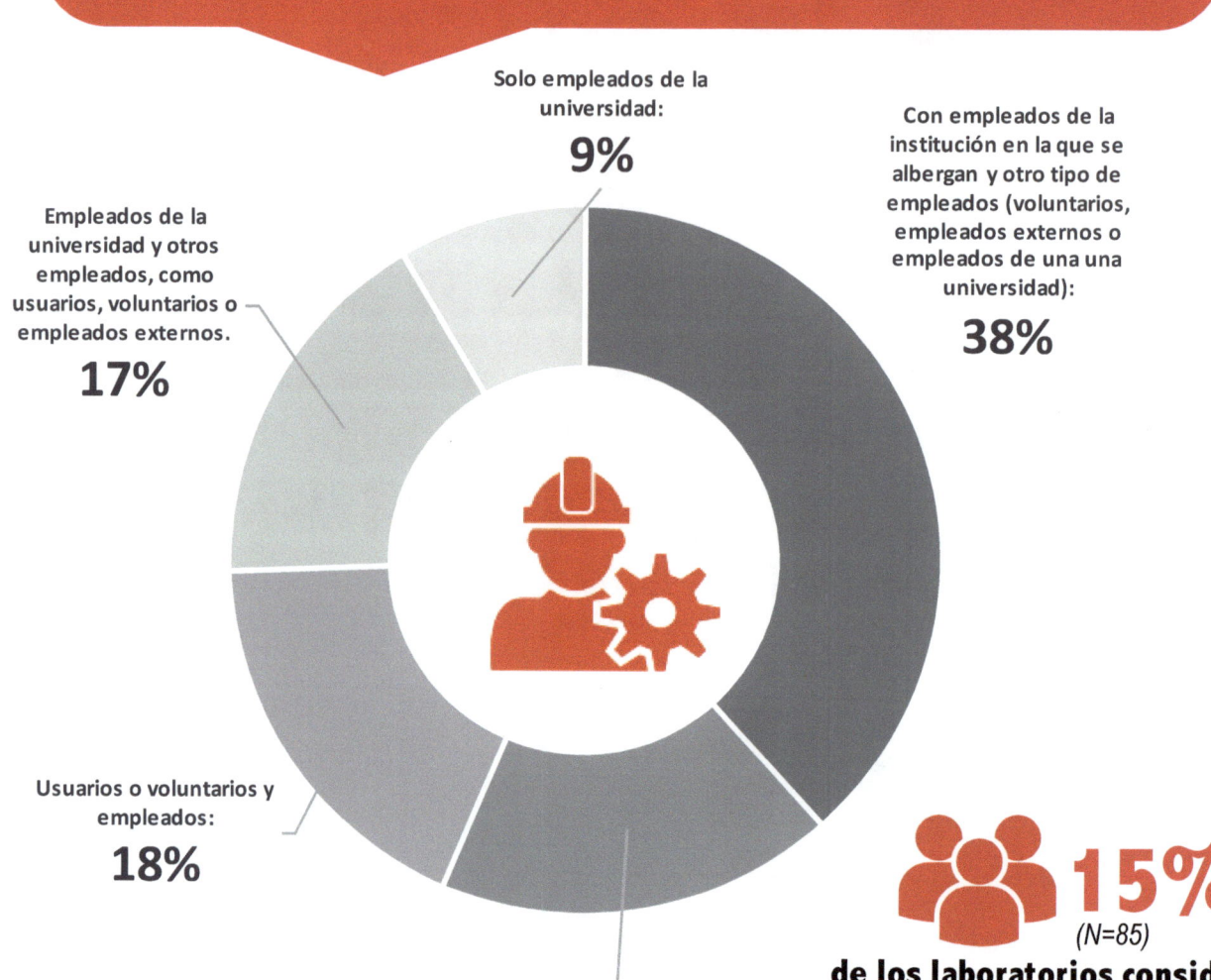

Solo empleados de la universidad:
9%

Con empleados de la institución en la que se albergan y otro tipo de empleados (voluntarios, empleados externos o empleados de una una universidad):
38%

Empleados de la universidad y otros empleados, como usuarios, voluntarios o empleados externos.
17%

Usuarios o voluntarios y empleados:
18%

Solo con usuarios o voluntarios, sin empleados:
18%

15%
(N=85)

de los laboratorios consider.
como un reto o una amenaza
falta de personal suficiente
cualificado en el FabLab

Intereses principales desarrollados en el FabLab.

[P.12. (Tipo Ranking + Respuesta Abierta). How relevant are these activities as your main FabLab activities?.].
Tratamiento: Agrupación en función de primera elección en ránking.

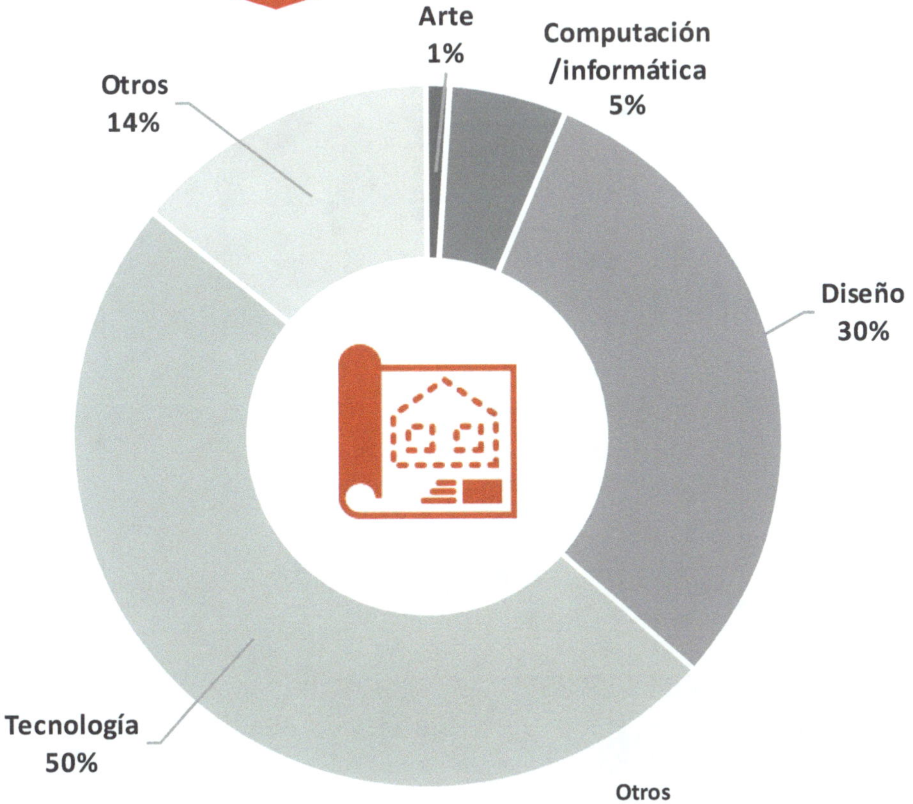

Arte
1%

Computación
/informática
5%

Otros
14%

Diseño
30%

Tecnología
50%

18%
de los FabLab considera el arte como su segunda actividad más interesante.

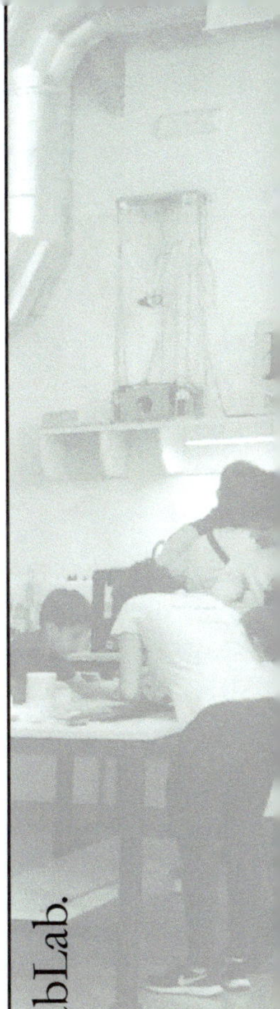

Otros
(inexpecífico)
15%

Otros -
Desarrollo
médico /
biológico
16%

Otros - Educación
69%

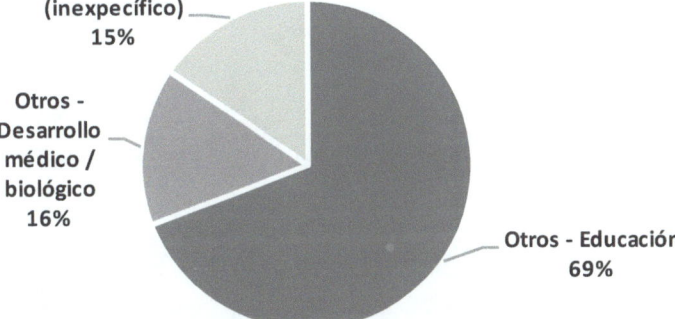

33

Establecimiento de relaciones con otras comunidades.

[P.15. (Tipo: Selección múltiple + Respuesta Abierta). Have you established collaborations with other similar groups in your area?.].
Tratamiento: Desestimación de respuestas minoritarias no significativas.

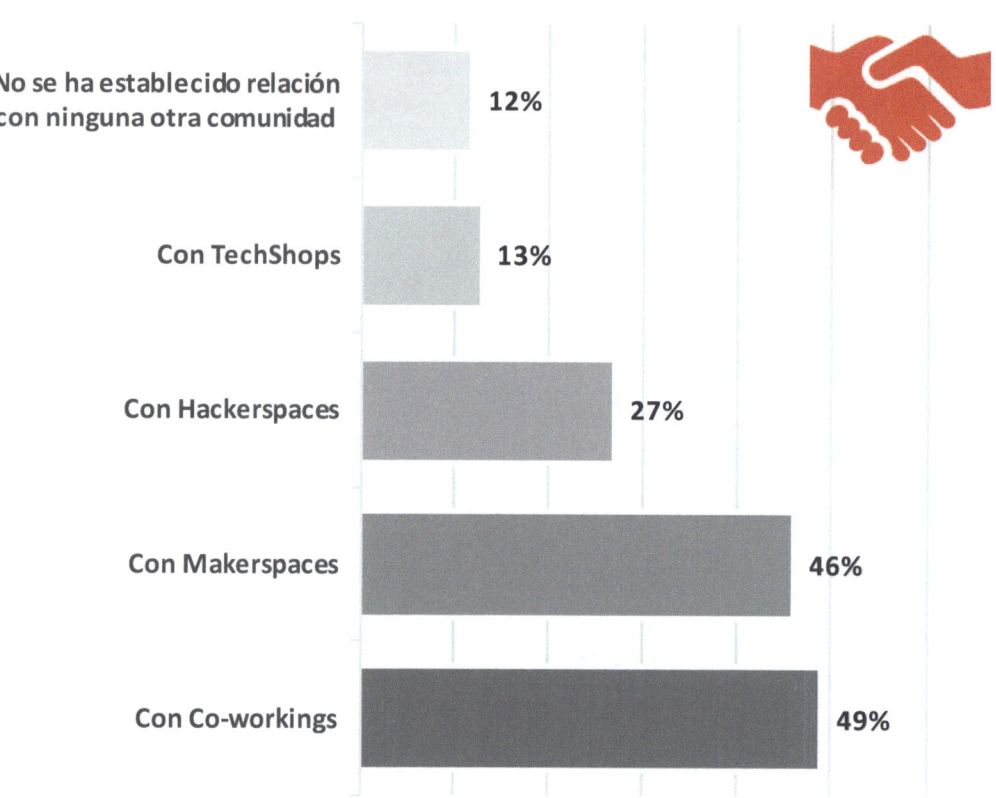

No se ha establecido relación con ninguna otra comunidad — 12%

Con TechShops — 13%

Con Hackerspaces — 27%

Con Makerspaces — 46%

Con Co-workings — 49%

 **11%**

de los FabLab han establecido contactos con otras asociaciones y FabLabs.

Establecimiento de colaboraciones y relaciones:

[P.14. (Tipo: Selección múltiple+ Respuesta Abierta). Have you established collaborations with other companies in your area?.].
Tratamiento: Desestimación de respuestas minoritarias no significativas.

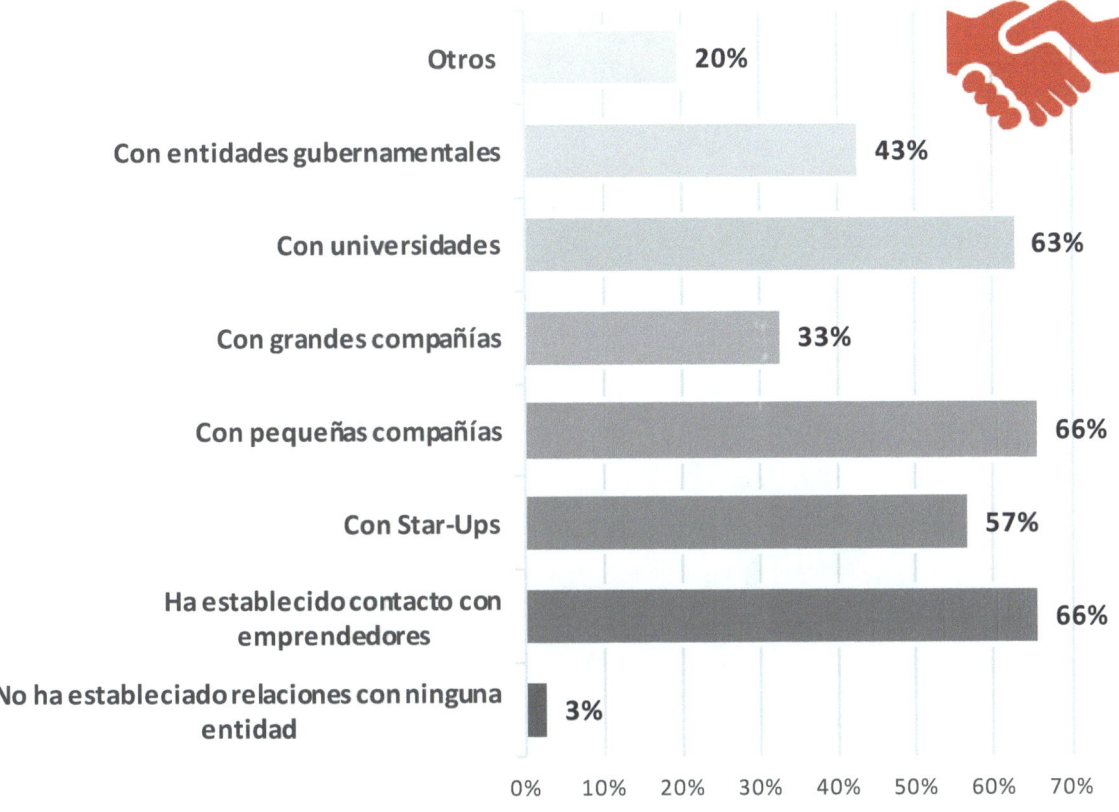

Otros	20%
Con entidades gubernamentales	43%
Con universidades	63%
Con grandes compañías	33%
Con pequeñas compañías	66%
Con Star-Ups	57%
Ha establecido contacto con emprendedores	66%
No ha estableciado relaciones con ninguna entidad	3%

8% de los FabLab han mantenido colaboraciones con escuelas y/o entidades formativas.

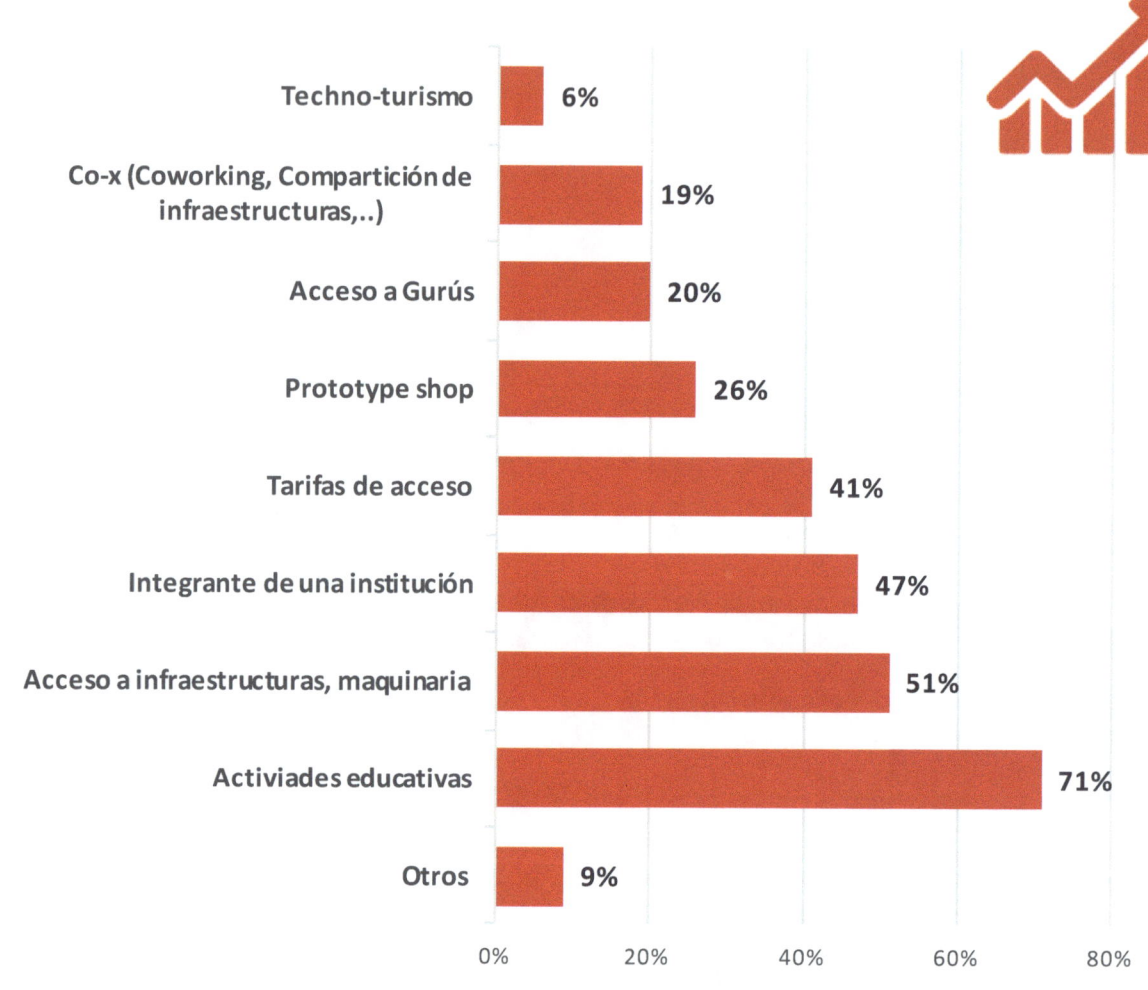

Definición del modelo de negocio.

[P.16. (Tipo: Selección múltiple + Respuesta Abierta).
What is your business model type?.].
Tratamiento: Agrupación de respuestas minoritarias no significativas.

- Techno-turismo: 6%
- Co-x (Coworking, Compartición de infraestructuras,..): 19%
- Acceso a Gurús: 20%
- Prototype shop: 26%
- Tarifas de acceso: 41%
- Integrante de una institución: 47%
- Acceso a infraestructuras, maquinaria: 51%
- Activiades educativas: 71%
- Otros: 9%

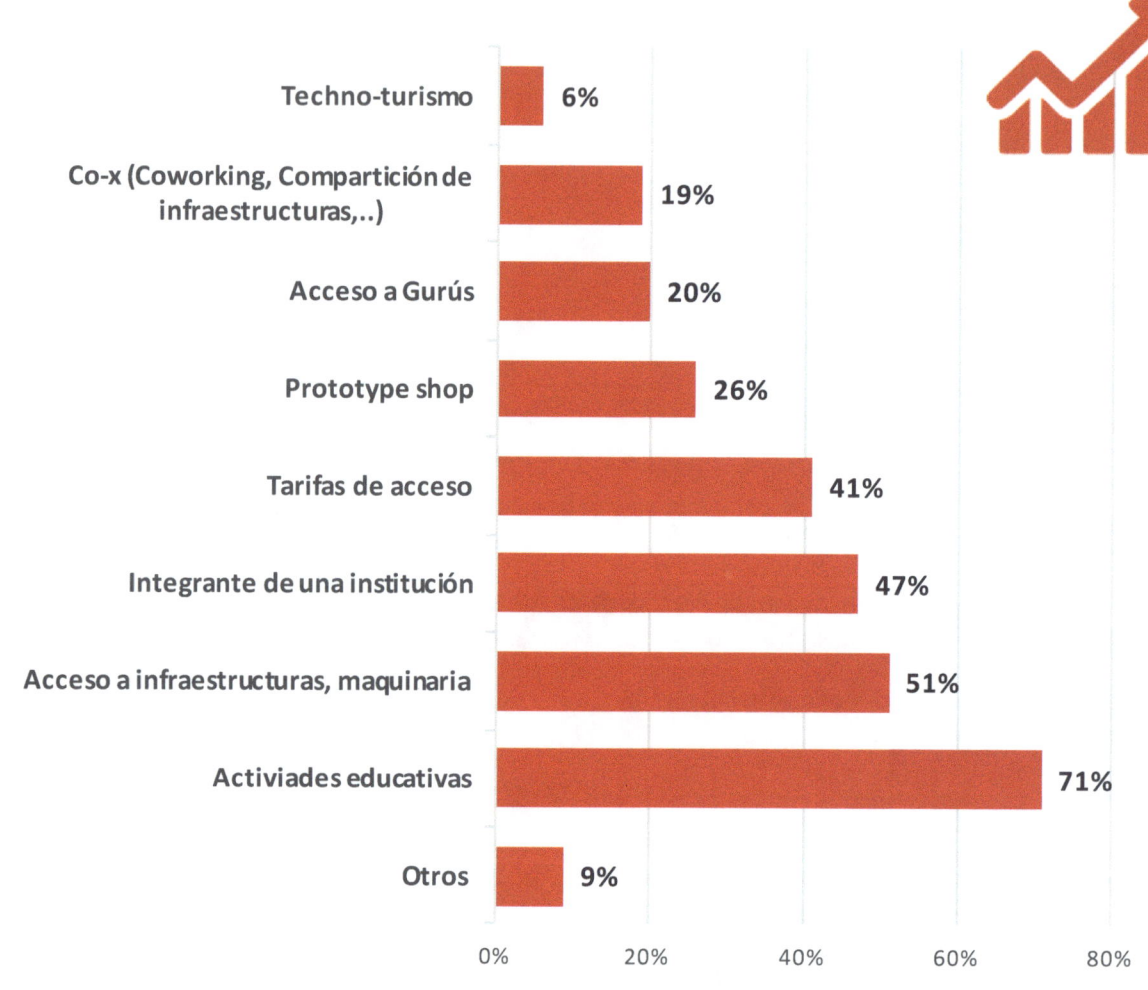

Afirmaciones sobre la fabricación digital.

[P.17. (Tipo: Respuesta categorizada). Please, indicate your level of agreement with the following statements.].

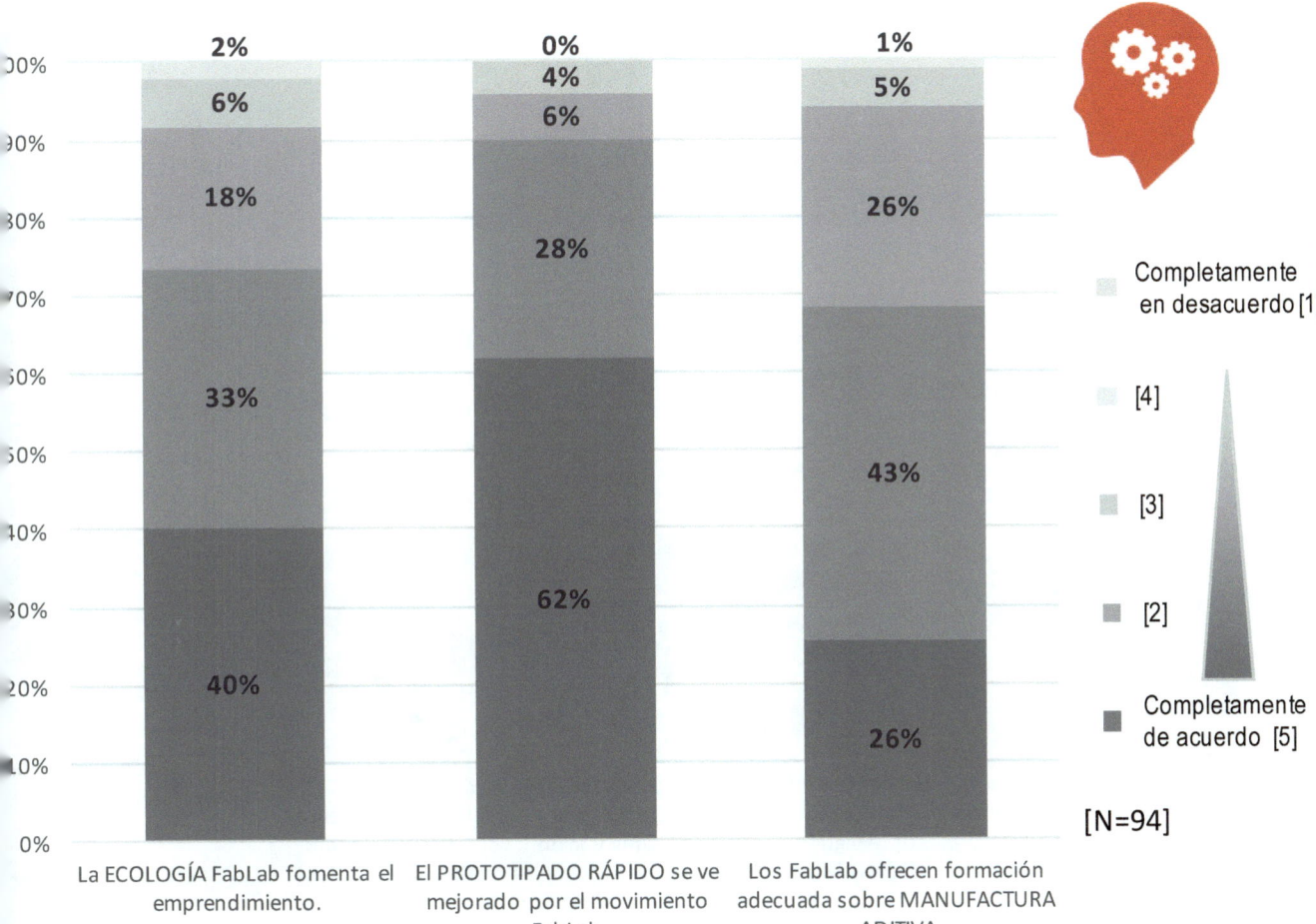

	La ECOLOGÍA FabLab fomenta el emprendimiento.	El PROTOTIPADO RÁPIDO se ve mejorado por el movimiento FabLab	Los FabLab ofrecen formación adecuada sobre MANUFACTURA ADITIVA
Completamente en desacuerdo [1]	2%	0%	1%
[4]	6%	4%	5%
[3]	18%	6%	26%
[2]	33%	28%	43%
Completamente de acuerdo [5]	40%	62%	26%

[N=94]

Afirmaciones sobre la fabricación digital (y II).

[P.17. (Tipo: Respuesta categorizada). Please, indicate your level of agreement with the following statements.].

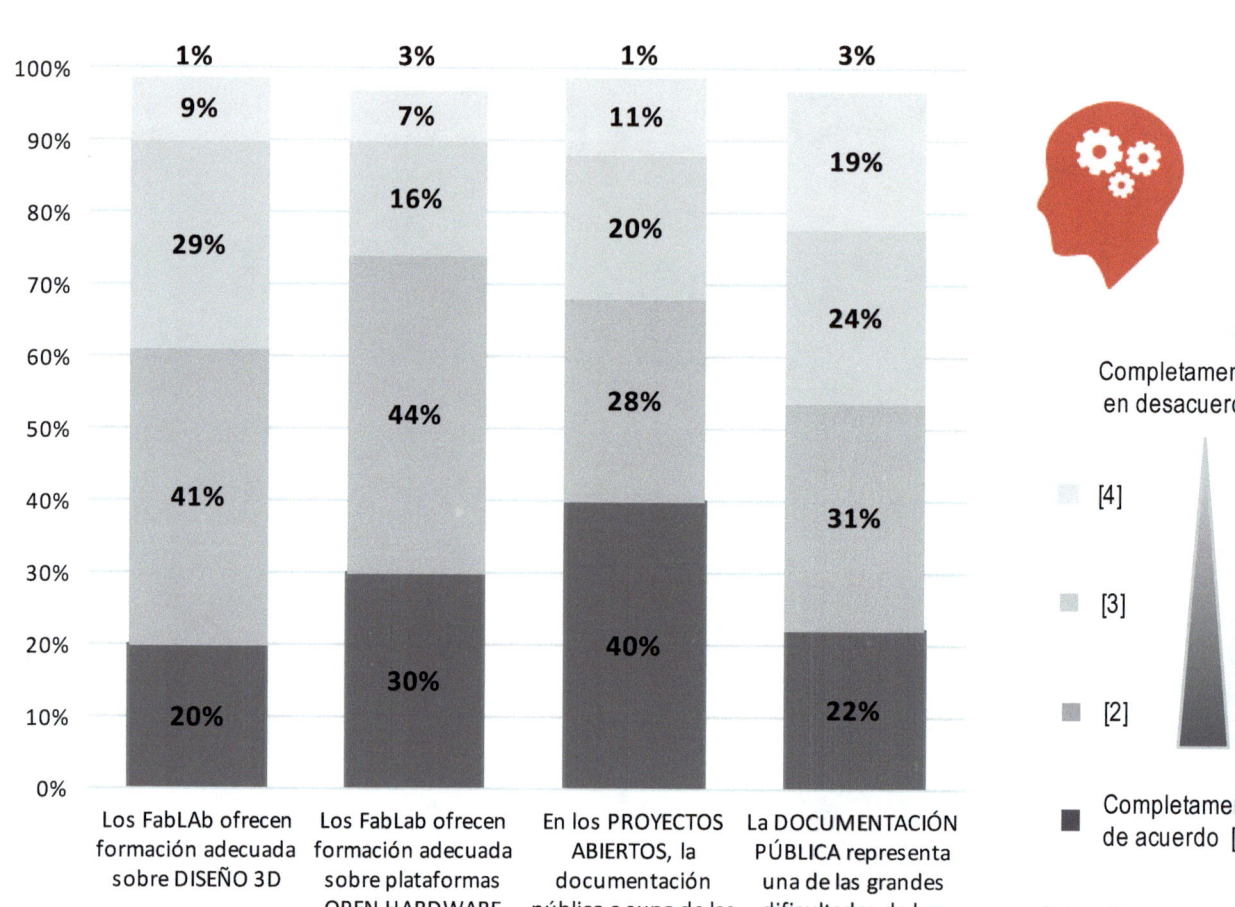

Completamen en desacuerdo

[4]

[3]

[2]

Completamen de acuerdo [

[N=94]

III
Funcionamiento de los FabLab.
Cuestionario: Bloque II – Descripción del
modelo de negocio del FabLab

Dependencia e independencia de instituciones.

[P.18. (Tipo: Respuesta múltiple + respuesta abierta)
What kind of institution hosts your FabLab?.].
Tratamiento: Agrupación de respuestas en bloques significativos.

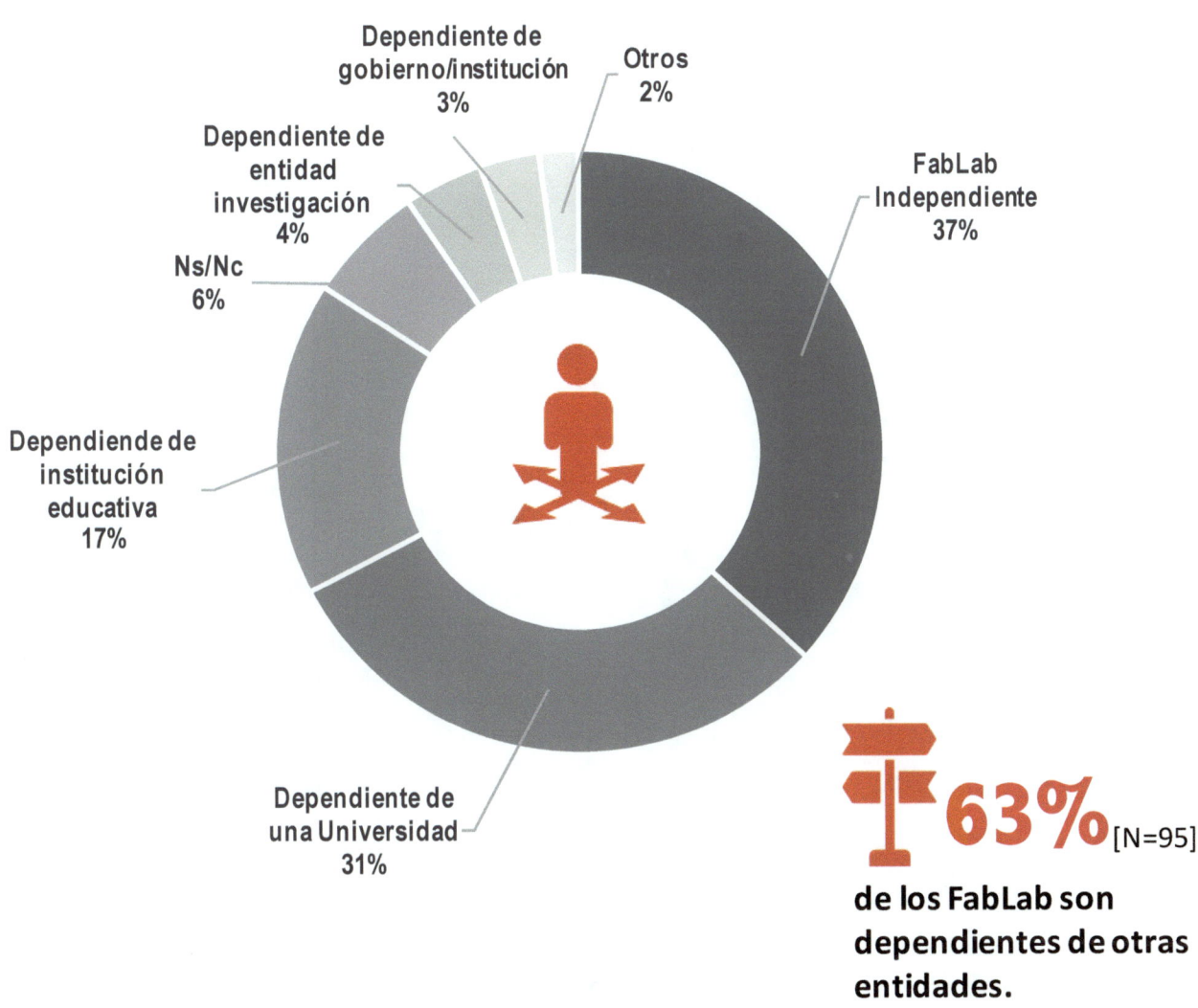

Dependiente de
gobierno/institución
3%

Otros
2%

Dependiente de
entidad
investigación
4%

FabLab
Independiente
37%

Ns/Nc
6%

Dependiende de
institución
educativa
17%

Dependiente de
una Universidad
31%

63% [N=95]

**de los FabLab son
dependientes de otras
entidades.**

Usuarios para los que se creó el FabLab.

[P.19. (Tipo: Respuesta múltiple + respuesta abierta). What was the original TARGET users group the FabLab was created for?.].
Tratamiento: Agrupación de respuestas en bloques significativos.

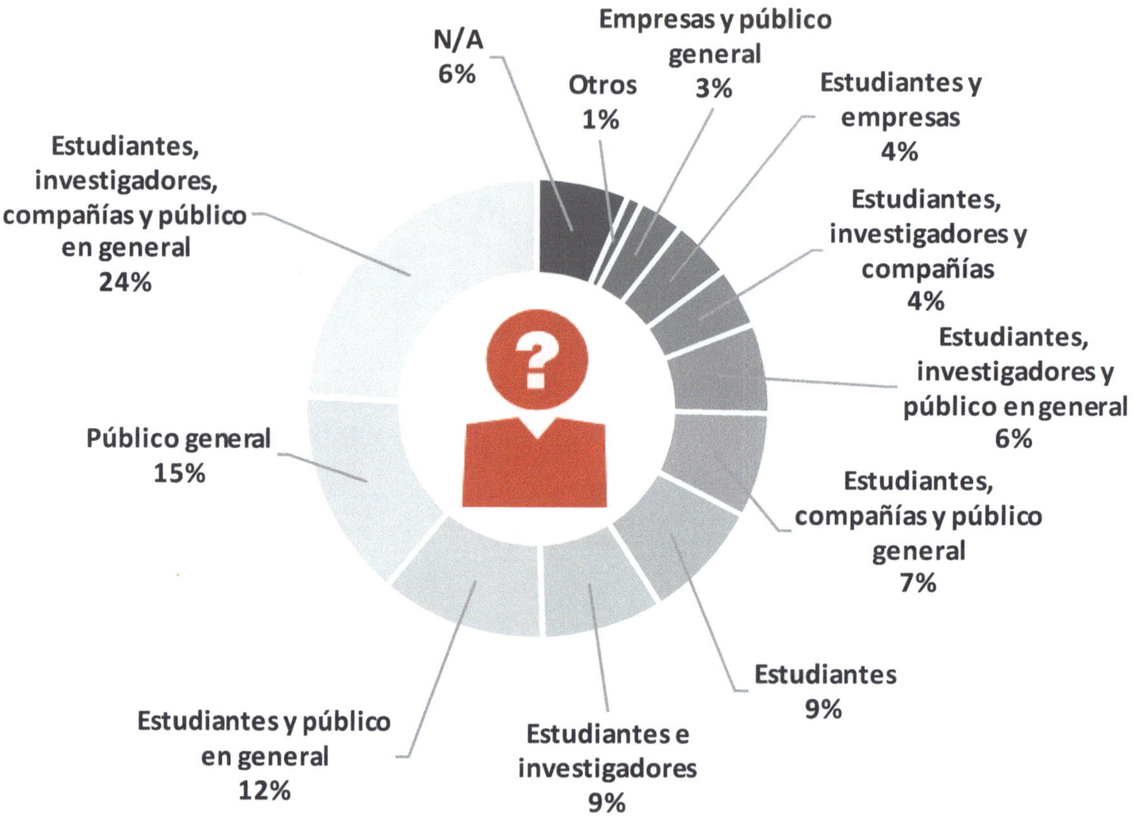

N/A
6%

Otros
1%

Empresas y público general
3%

Estudiantes y empresas
4%

Estudiantes, investigadores y compañías
4%

Estudiantes, investigadores y público en general
6%

Estudiantes, compañías y público general
7%

Estudiantes
9%

Estudiantes e investigadores
9%

Estudiantes y público en general
12%

Público general
15%

Estudiantes, investigadores, compañías y público en general
24%

72%
de los FabLab se encuentran abiertos al público en general.

Usuarios actuales del FabLab

[P.20. (Tipo: Respuesta múltiple + respuesta abierta). What are the CURRENT users group of the FabLab?.].
Tratamiento: Agrupación de respuestas en bloques significativos.

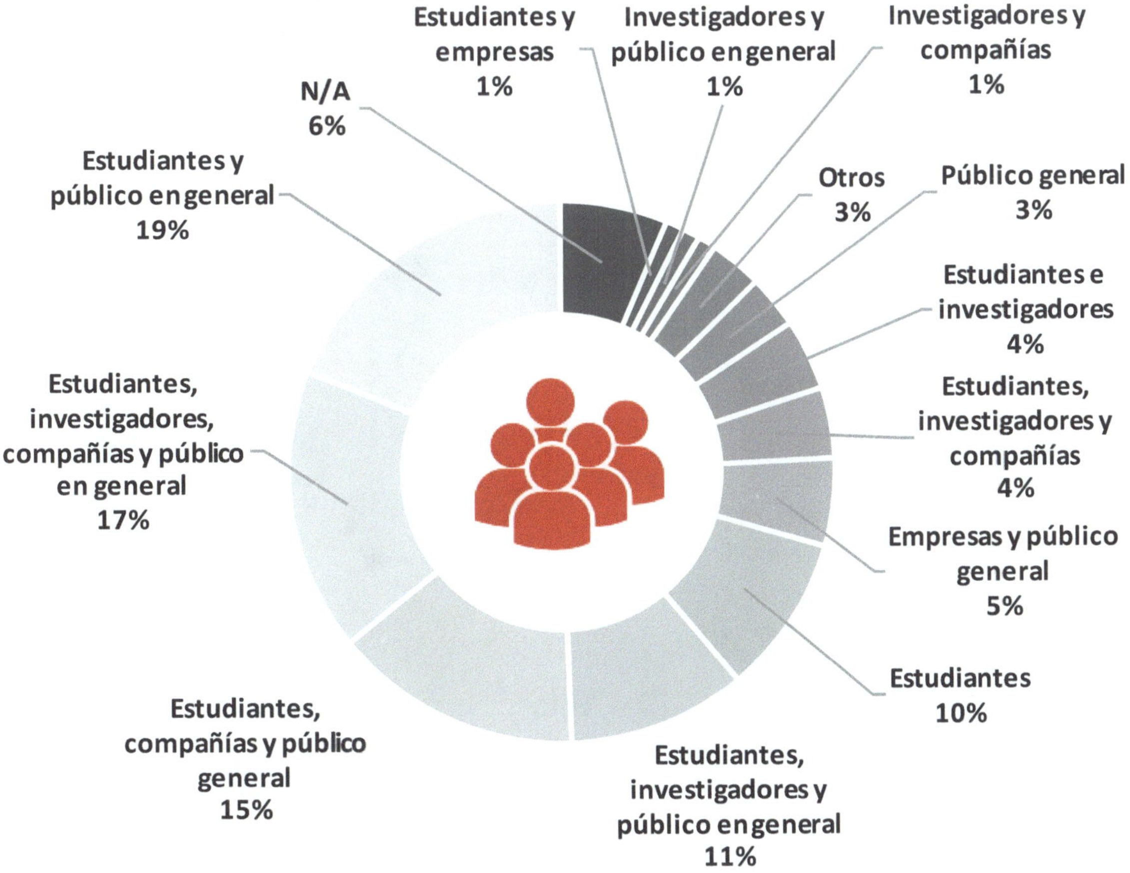

Estudiantes y empresas
1%

Investigadores y público en general
1%

Investigadores y compañías
1%

N/A
6%

Estudiantes y público en general
19%

Otros
3%

Público general
3%

Estudiantes e investigadores
4%

Estudiantes, investigadores, compañías y público en general
17%

Estudiantes, investigadores y compañías
4%

Empresas y público general
5%

Estudiantes
10%

Estudiantes, compañías y público general
15%

Estudiantes, investigadores y público en general
11%

48,4%
de los FabLab no cuenta con el tipo de usuario para el que fueron ideados.

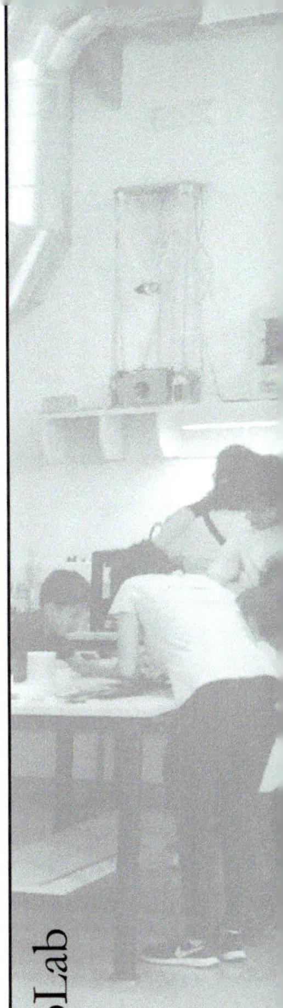

Importancia en la proposición de valor.

[P.21. (Tipo: Respuesta categorizada + Respuesta abierta). How relevant are these items in the VALUE PROPOSITION of your FabLab? (The most important value that your FabLab provide to users).].

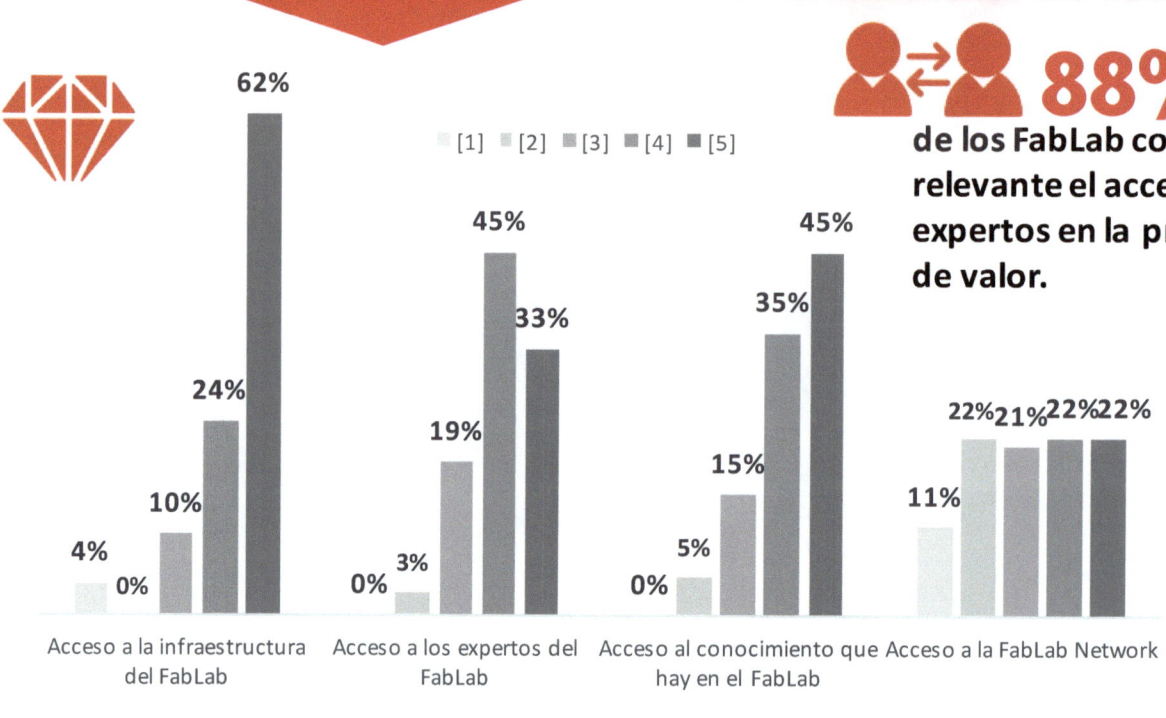

88% [N: de los FabLab consider relevante el acceso a s expertos en la propues de valor.

[1] [2] [3] [4] [5]

Acceso a la infraestructura del FabLab: 4%, 0%, 10%, 24%, 62%

Acceso a los expertos del FabLab: 0%, 3%, 19%, 45%, 33%

Acceso al conocimiento que hay en el FabLab: 0%, 5%, 15%, 35%, 45%

Acceso a la FabLab Network: 11%, 22%, 21%, 22%, 22%

Valores promedio

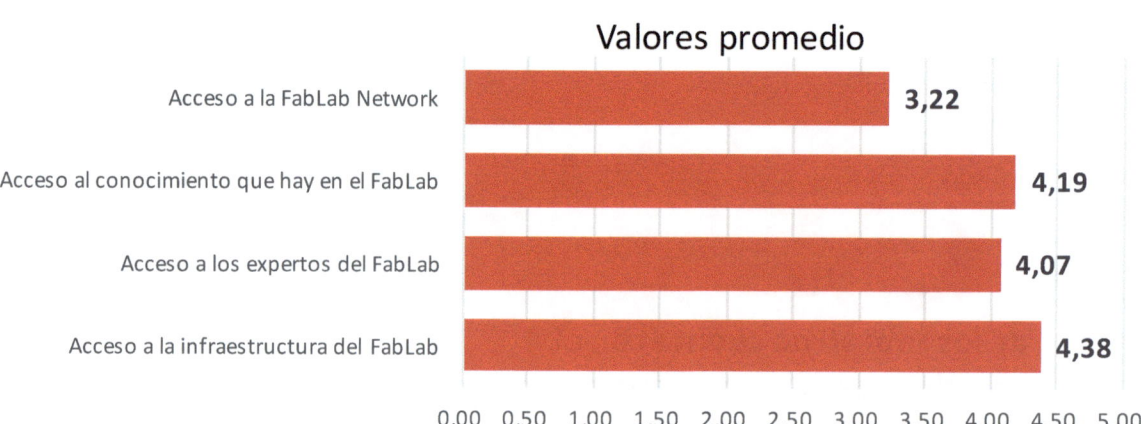

	Valores promedio
Acceso a la FabLab Network	3,22
Acceso al conocimiento que hay en el FabLab	4,19
Acceso a los expertos del FabLab	4,07
Acceso a la infraestructura del FabLab	4,38

0,00 0,50 1,00 1,50 2,00 2,50 3,00 3,50 4,00 4,50 5,00

Contribución del FabLab a sus usuarios.

[P.23. (Tipo: Respuesta categorizada + Respuesta abierta). Evaluate the CONTRIBUTION the FabLab provides to its users through the following activities?.].

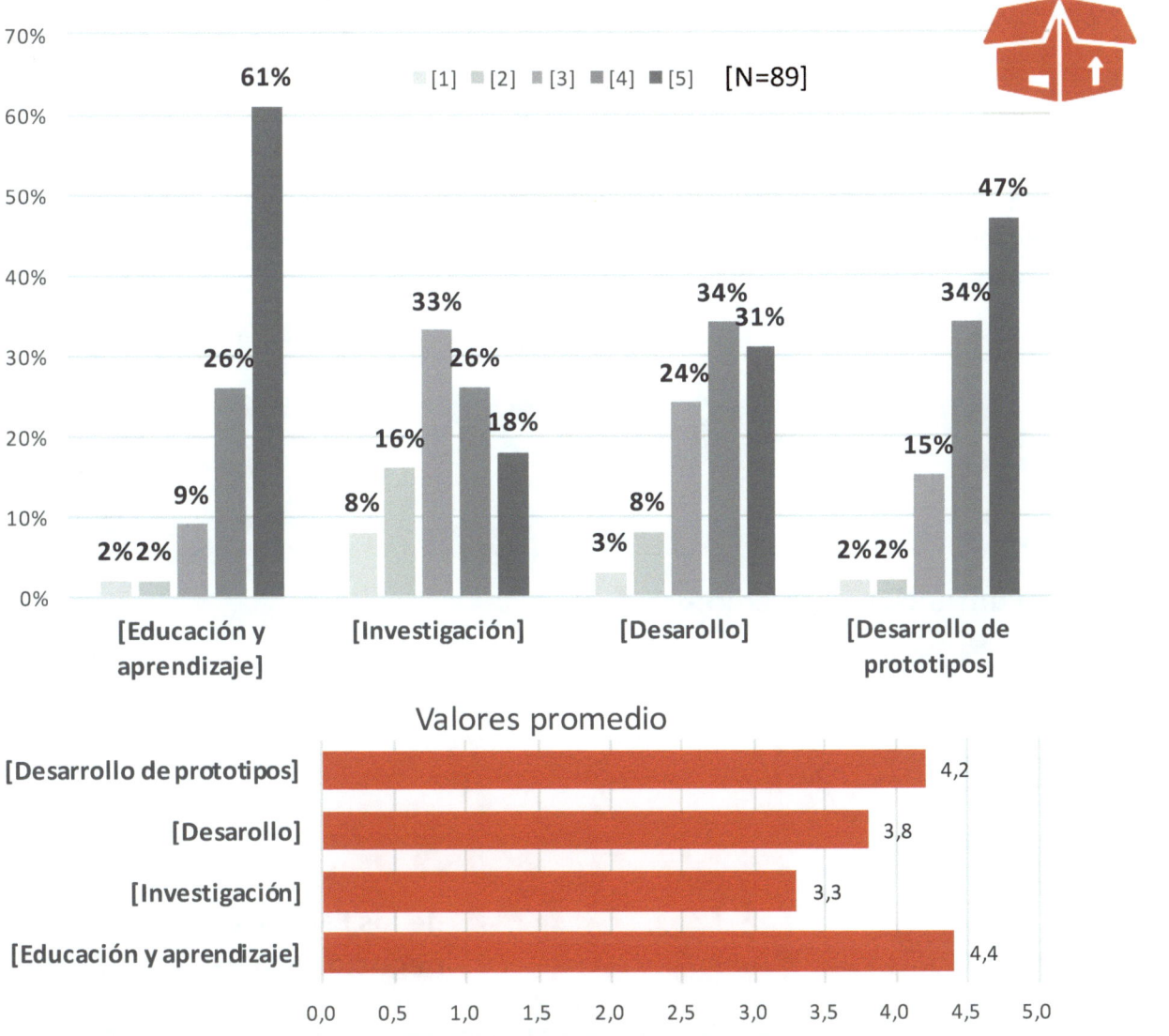

Legend: ▪[1] ▪[2] ▪[3] ▪[4] ▪[5]   [N=89]

[Educación y aprendizaje]: 2% 2% 9% 26% 61%
[Investigación]: 8% 16% 33% 26% 18%
[Desarollo]: 3% 8% 24% 34% 31%
[Desarrollo de prototipos]: 2% 2% 15% 34% 47%

Valores promedio

[Desarrollo de prototipos]	4,2
[Desarollo]	3,8
[Investigación]	3,3
[Educación y aprendizaje]	4,4

0,0   0,5   1,0   1,5   2,0   2,5   3,0   3,5   4,0   4,5   5,0

Funcionamiento de los FabLab

45

Innovación frente a servicio.

[P.25. (Tipo: Respuesta categorizada). About the innovation, could you indicate what kind of basic innovation model presents your FabLab?.
Value 1: Represents purely facility or Facility Model: The FabLab provides materials, tools and experience to users and their personal projects without any innovation activities.
Value 5 representes purely innovation Model: where the FabLab merely acts as a platform for research and development of prototypes of industrial level for companies, small businesses and researches.].

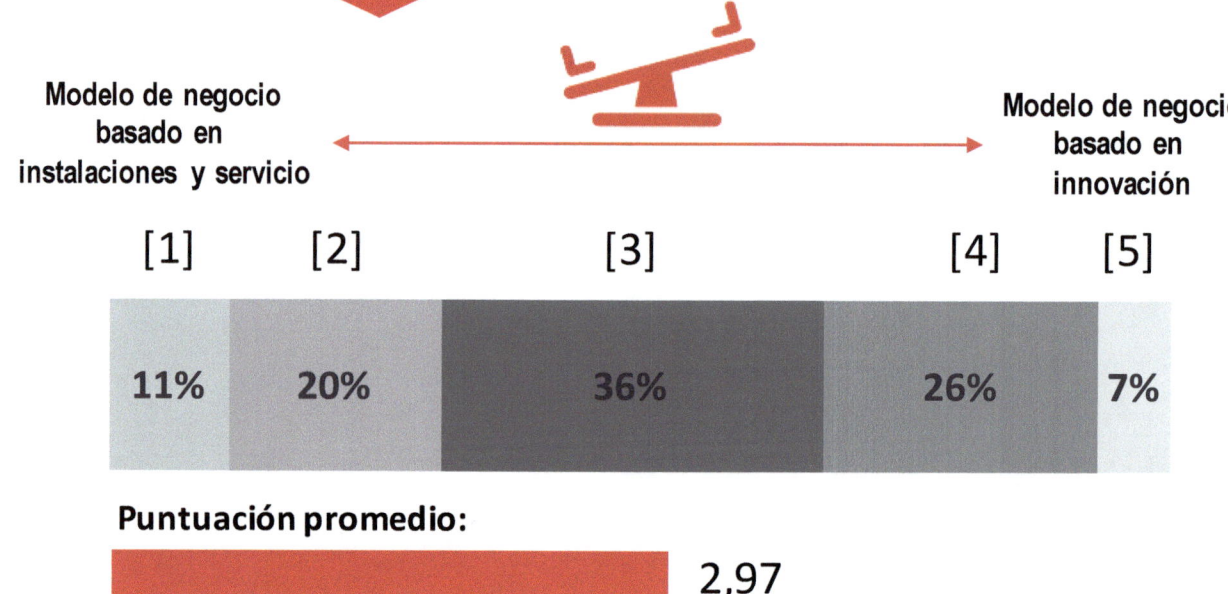

Modelo de negocio basado en instalaciones y servicio

Modelo de negocio basado en innovación

[1]	[2]	[3]	[4]	[5]
11%	20%	36%	26%	7%

Puntuación promedio:

2,97

31% de los FabLab basa su modelo de negocio en la explotación de sus instalaciones y servicios.

Fuentes de ingreso principales.

[P.21. (Tipo: Respuesta categorizada + Respuesta abierta). Evaluate the IMPORTANCE of these items on your FabLab current source of REVENUE.].

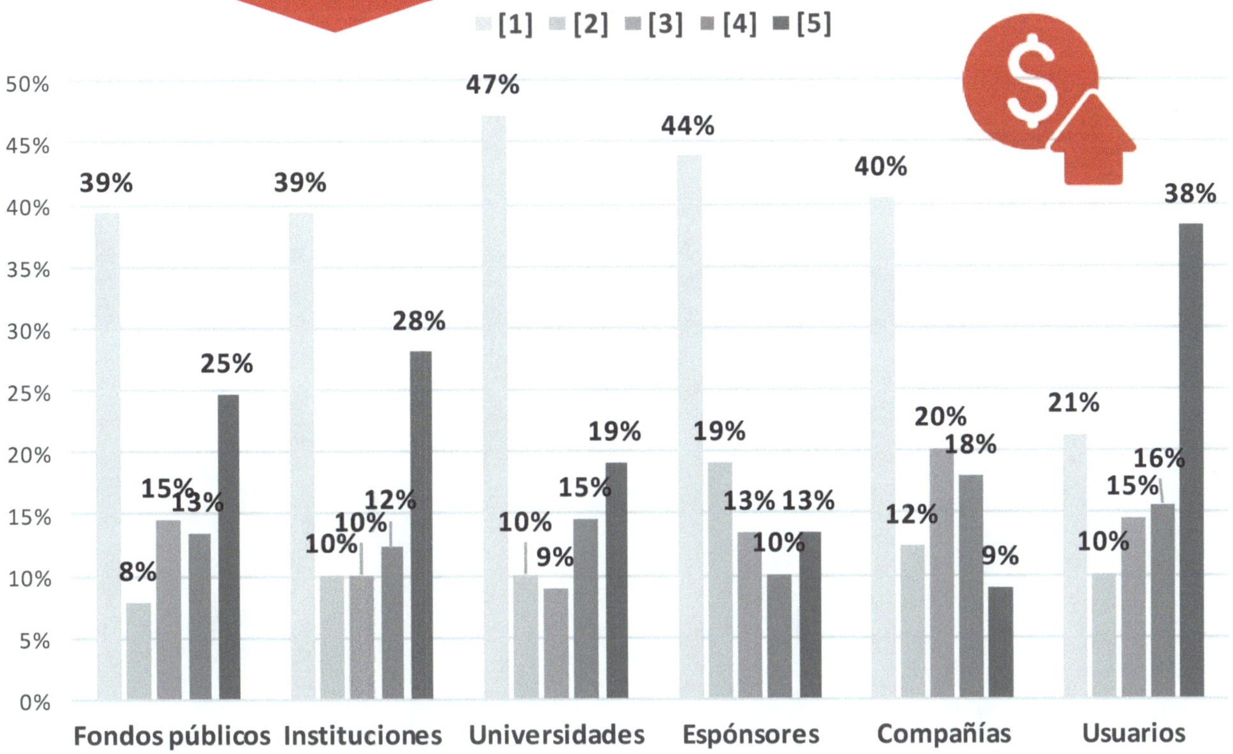

Legend: [1] [2] [3] [4] [5]

Chart values:

	[1]	[2]	[3]	[4]	[5]
Fondos públicos	39%	8%	15%	13%	25%
Instituciones	39%	10%	10%	12%	28%
Universidades	47%	10%	9%	15%	19%
Espónsores	44%	19%	13%	10%	13%
Compañías	40%	12%	20%	18%	9%
Usuarios	21%	10%	15%	16%	38%

Mean values:

Usuarios	3,4
Compañías	2,4
Espónsores	2,3
Universidades	2,5
Instituciones	2,8
Fondos públicos	2,8

20% [N=89] de los FabLab valor a sus usuarios como la fuente principal de ingresos.

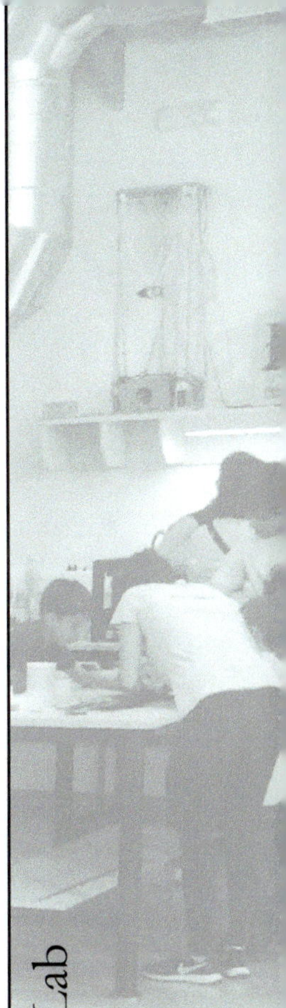

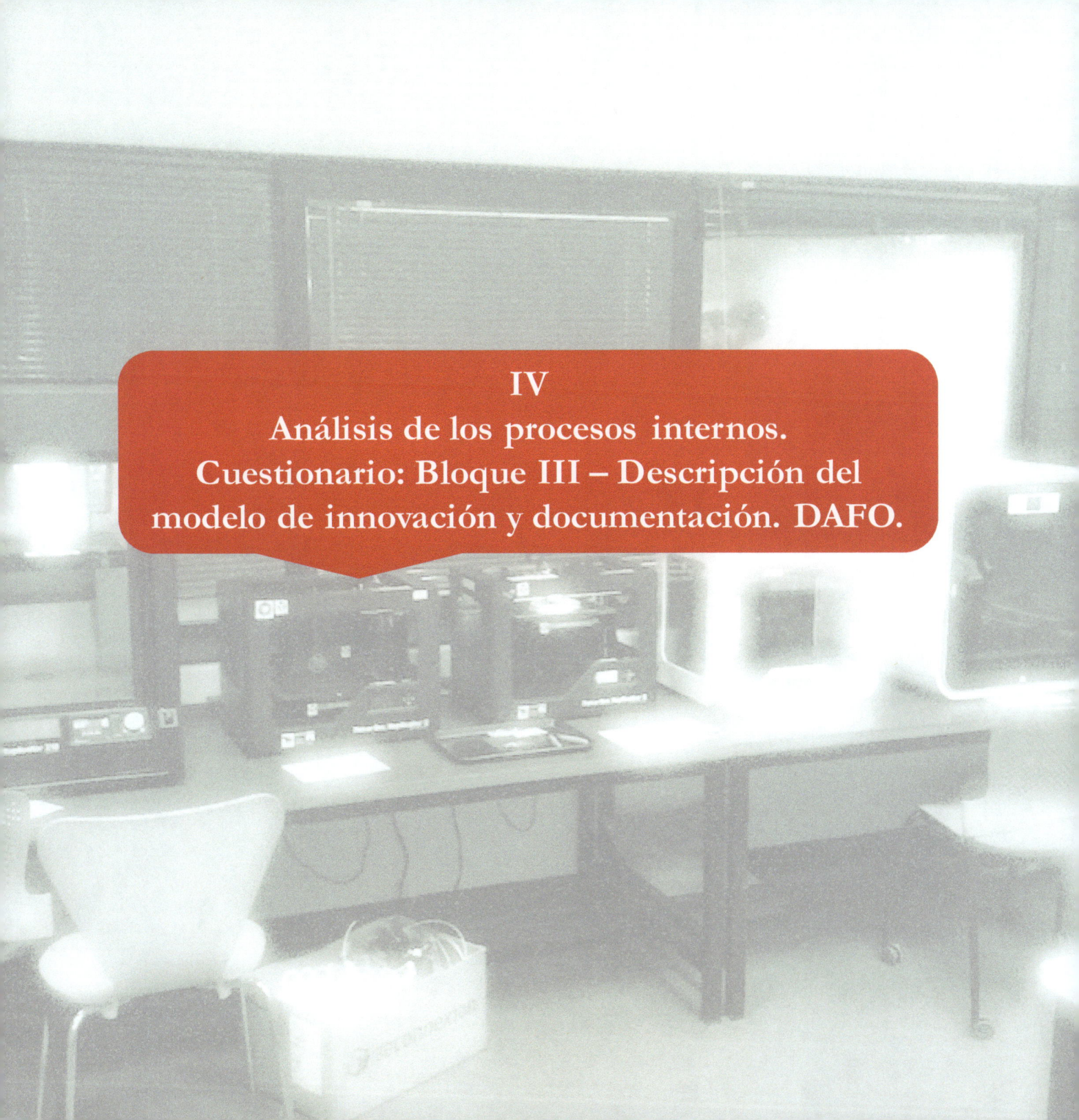

IV
Análisis de los procesos internos.
Cuestionario: Bloque III – Descripción del
modelo de innovación y documentación. DAFO.

[P.29. (Tipo: Respuesta múltiple + Respuesta abierta). Could you indicate how many projects your FabLab has developed with?].
Tratamiento: Agrupación de respuestas en rangos significativos.

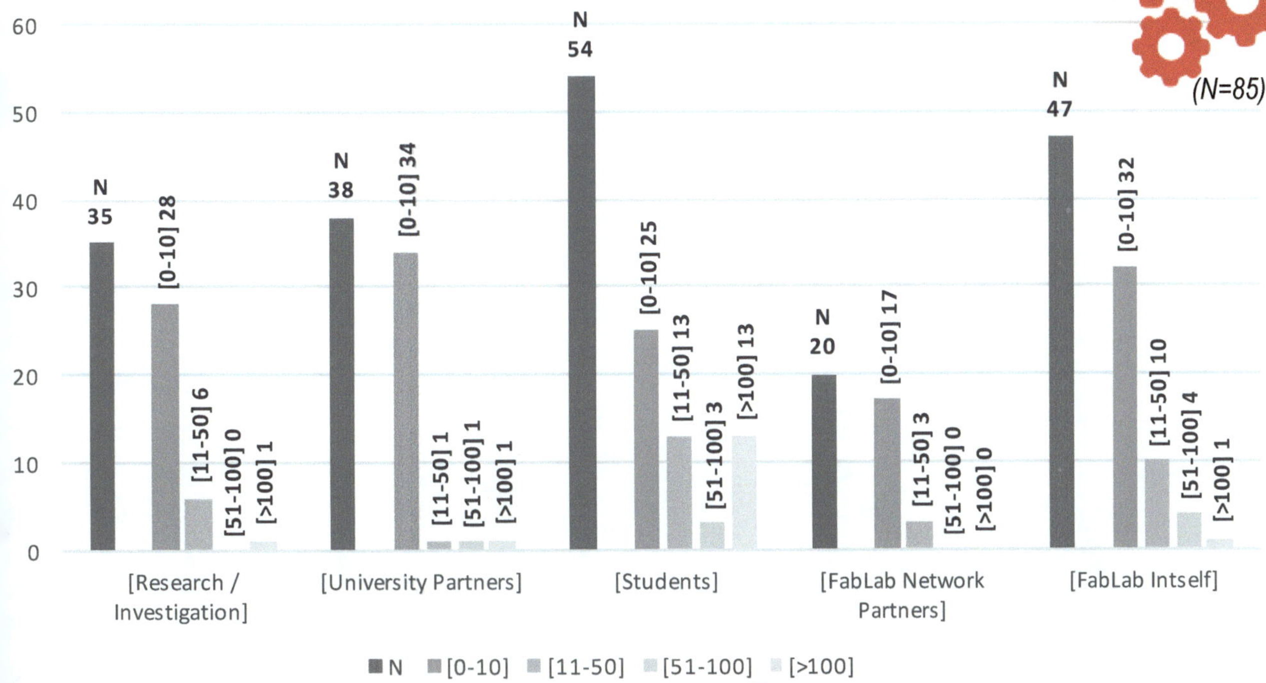

(N=85)

Gráfico de barras:

Categoría	N	[0-10]	[11-50]	[51-100]	[>100]
[Research / Investigation]	35	28	6	0	1
[University Partners]	38	34	1	1	1
[Students]	54	25	13	3	13
[FabLab Network Partners]	20	17	3	0	0
[FabLab Intself]	47	32	10	4	1

■ N ■ [0-10] ■ [11-50] ■ [51-100] ■ [>100]

11% *(N=85)*
De los laboratorios no ha realizado ningún tipo de proyecto con elementos fuera del FabLab.

53% *(N=85)*
De los laboratorios ha realizado proyectos conjuntos con otros laboratorios de la red FabLab.

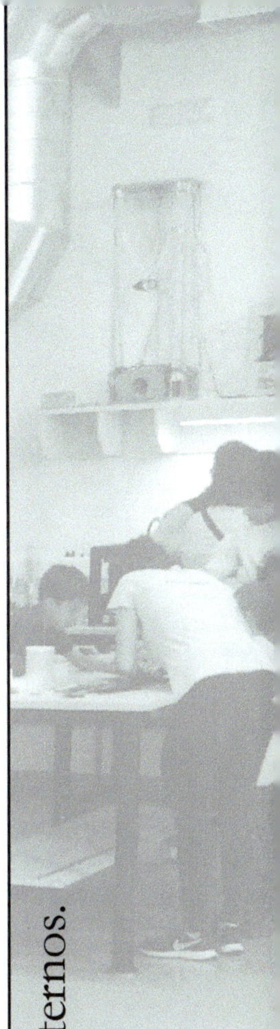

Análisis de los procesos internos.

Desarrollo de proyectos conjuntos (II).

[P.29. (Tipo: Respuesta múltiple + Respuesta abierta). Could you indicate how many projects your FabLab has developed with?.].
Tratamiento: Agrupación de respuestas en rangos significativos.

[P.30. (Tipo: Respuesta dicotómica + Respuesta abierta). Any of these projects have resulted in the creation of a new company?.].

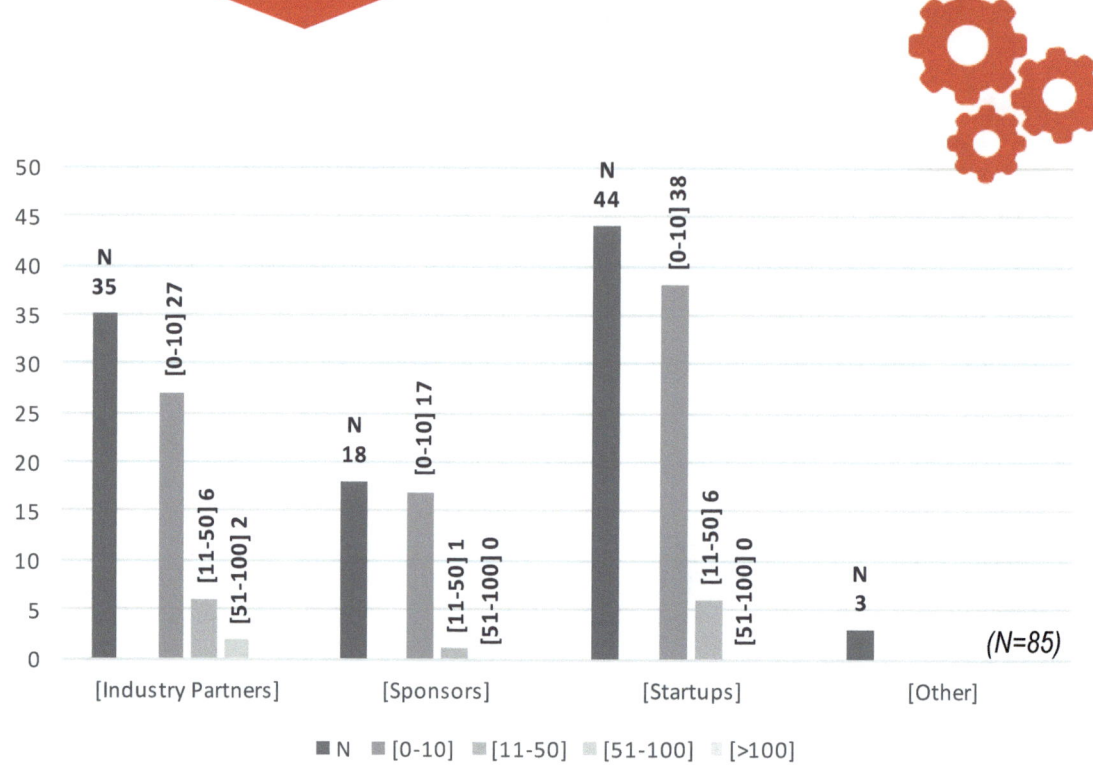

26% *(N=85)*
De los proyectos desarrollados resultaron en la creación de una nueva Start-Up

7% *(N=85)*
De los laboratorios realizó proyectos exclusivamente con estudiantes o universidades

Valoración del nivel de innovación.

[P.32. (Tipo: Respuesta categorizada). Rate your Innovation Level (% of projects dedicated to innovation for research, industrial companies and small business, approximately.].

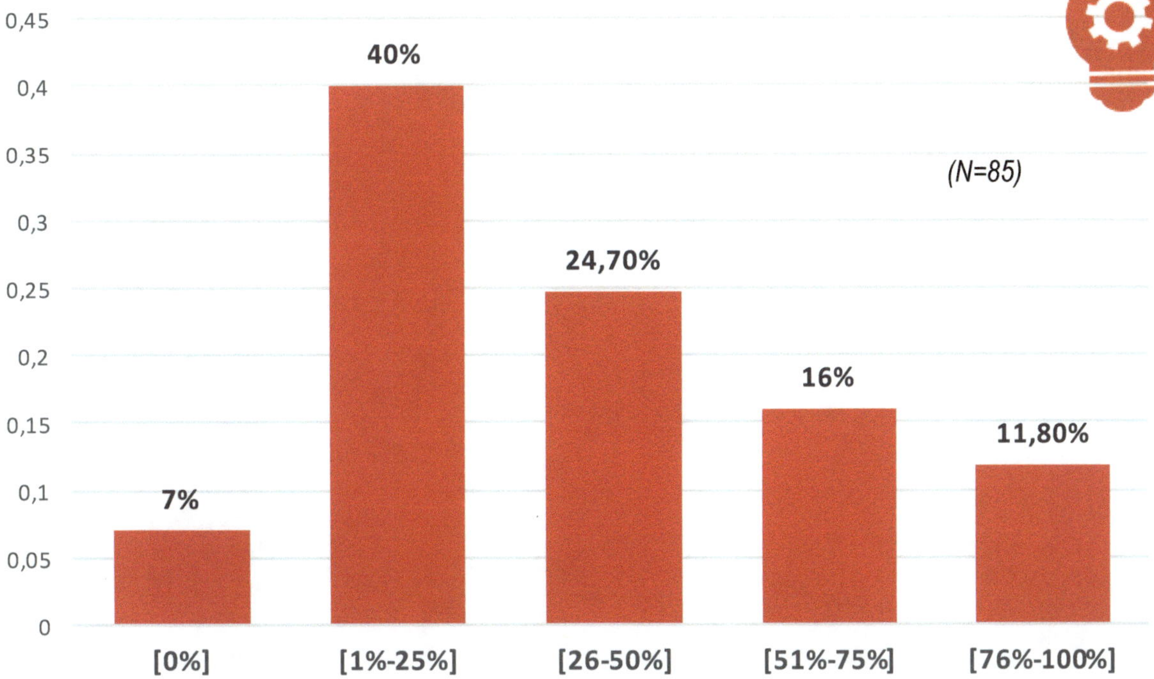

(N=85)

- 0,45
- 0,4 — **40%**
- 0,35
- 0,3
- 0,25 — **24,70%**
- 0,2
- 0,15 — **16%**
- 0,1 — **11,80%**
- 0,05 — **7%**
- 0

| [0%] | [1%-25%] | [26-50%] | [51%-75%] | [76%-100%] |

46% *(N=85)*

De los laboratorios que declaran tener una alta independencia no considera que desarrolle proyectos basados en innovación

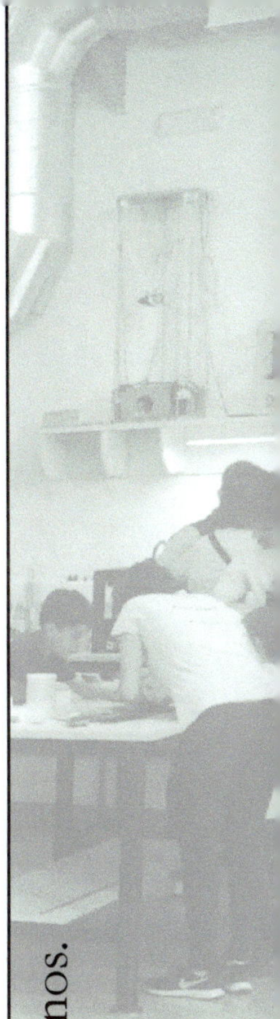

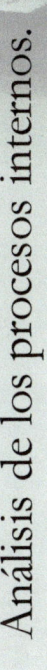

Independencia en la realización de proyectos.

[P.33. (Tipo: Respuesta categorizada). Rate your independence level in projects realization: 1- The Fablab should only perform or collaborate on projects of their hosting institution.
5- The FabLab has absolute freedom to work or perform any projects freely.].

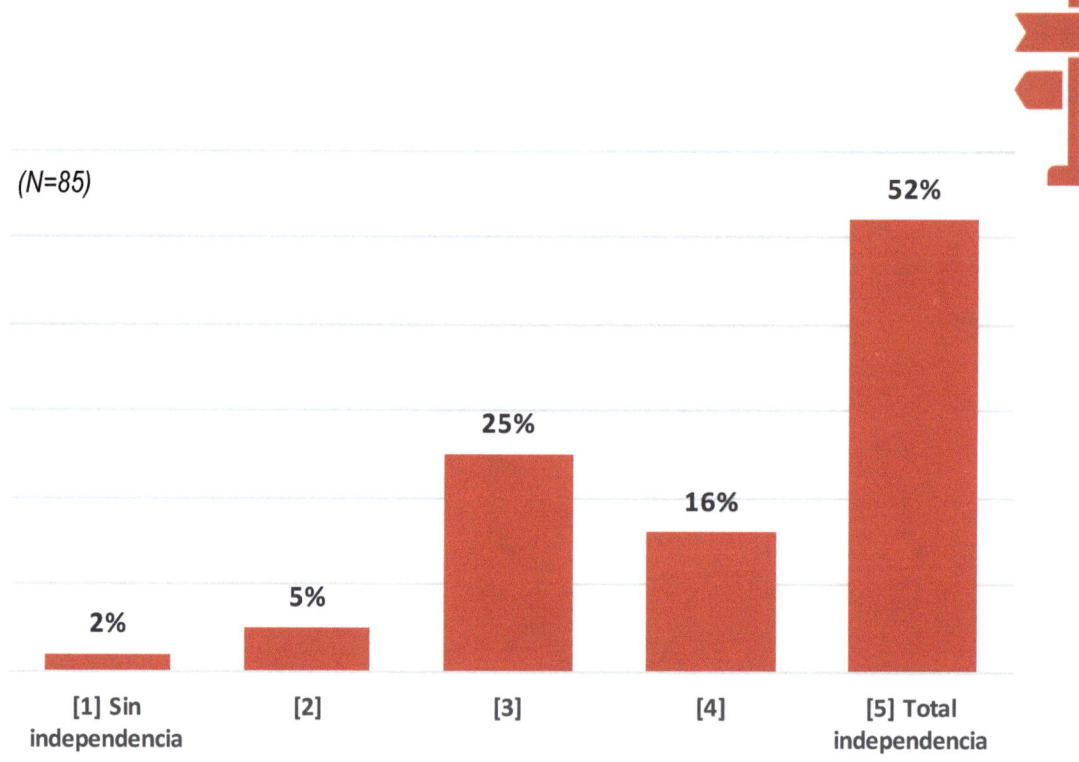

(N=85)

- 2% — [1] Sin independencia
- 5% — [2]
- 25% — [3]
- 16% — [4]
- 52% — [5] Total independencia

68% (N=85)

De los laboratorios considera tener una alta independencia para la realización de sus actividades

Importancia de los procesos de documentación.

[P.34. (Tipo: Respuesta categorizada). How important is for your FabLab the public documentation of projects?.].

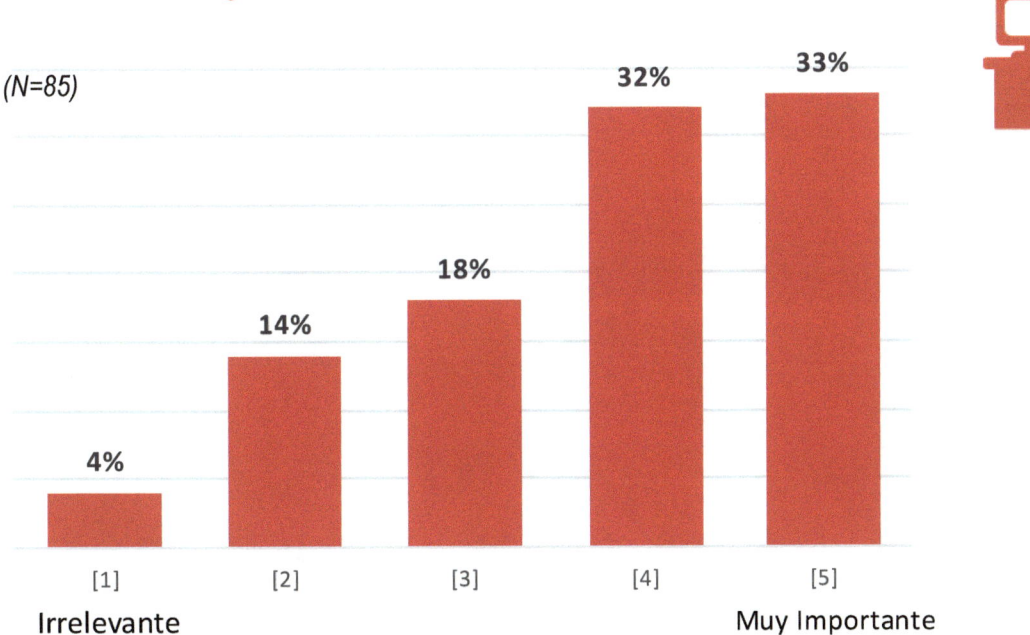

(N=85)

- 4% [1] Irrelevante
- 14% [2]
- 18% [3]
- 32% [4]
- 33% [5] Muy Importante

39% (N=85)
de los laboratorios documenta más del 50% de sus proyectos realizados

65% (N=85)
Considera relevante la documentación de los proyectos realizados

Porcentaje de proyectos documentados.

[P.35. (Tipo: Respuesta categorizada). How many of your projects has been documented by your FabLab (approximately)?.].

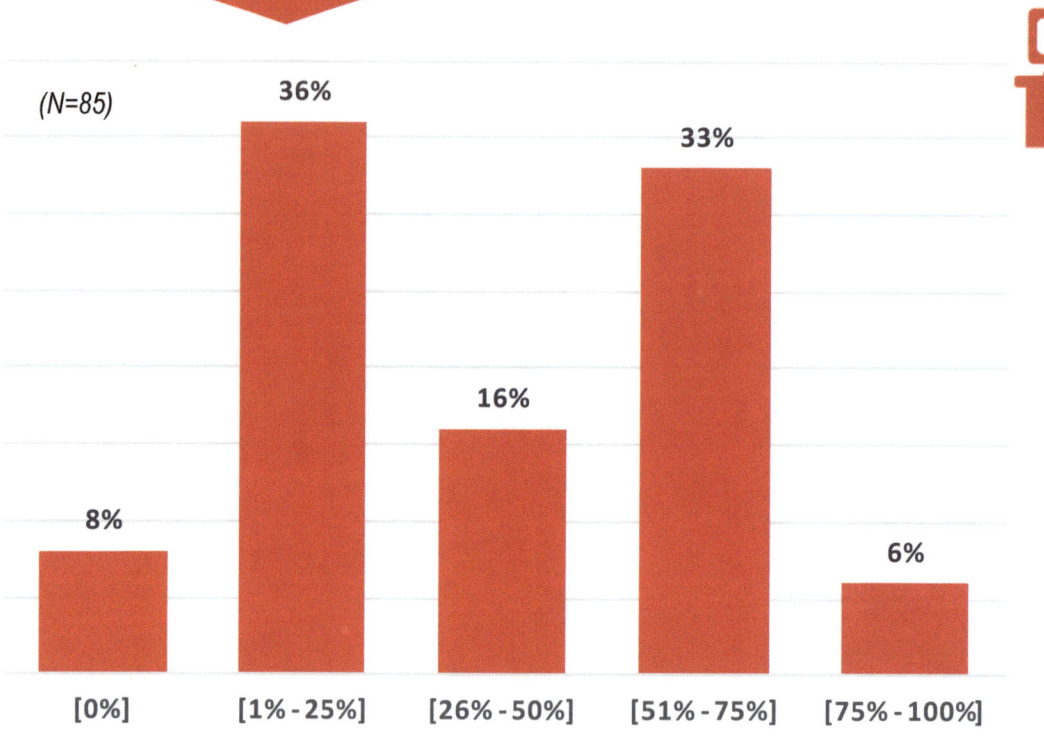

(N=85)

| [0%] | [1% - 25%] | [26% - 50%] | [51% - 75%] | [75% - 100%] |
| 8% | 36% | 16% | 33% | 6% |

35% (N=85)

De los laboratorios que consideran importante el proceso de documentación, documentan menos de la mitad de sus proyectos.

Responsables de la documentación de proyecto.

[P.36. (Tipo: Respuesta categorizada + respuesta abierta). Who is responsible for documenting the projects?.].
Tratamiento: Agrupación de respuestas en grupos significativos.

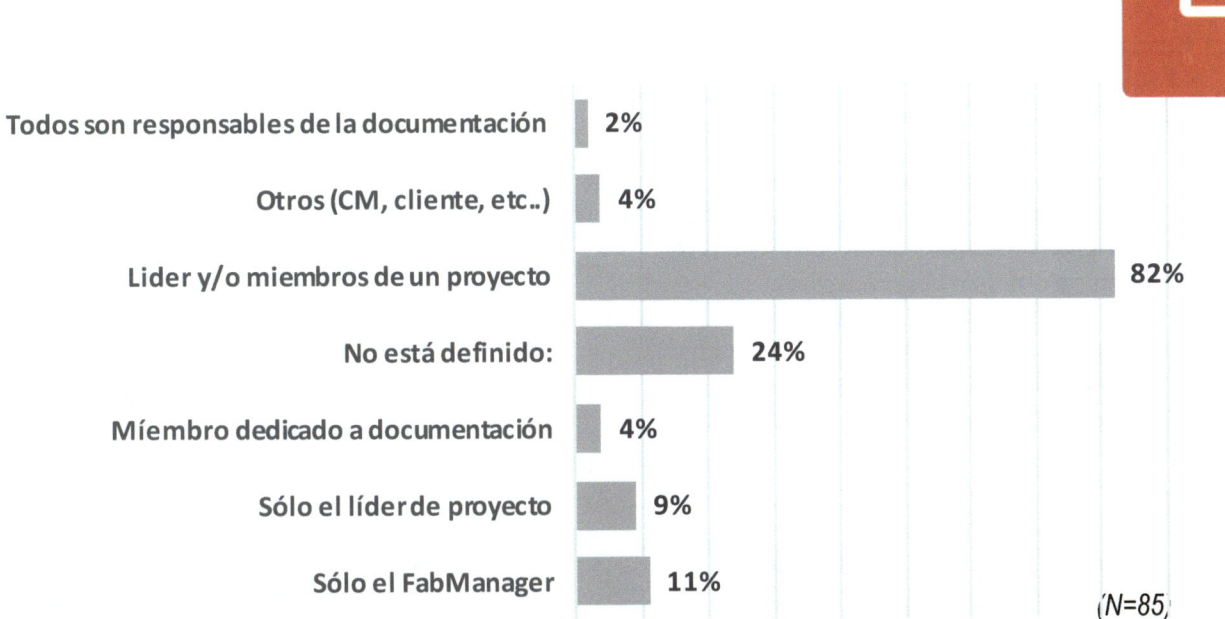

Todos son responsables de la documentación — 2%
Otros (CM, cliente, etc..) — 4%
Lider y/o miembros de un proyecto — 82%
No está definido: — 24%
Míembro dedicado a documentación — 4%
Sólo el líder de proyecto — 9%
Sólo el FabManager — 11%

(N=85)

 **58%**
(N=85)

de los laboratorios que considera importante el proceso de documentación implica a los líderes de proyecto y/o a sus participantes en la documentación

 **20%**
(N=85)

de los laboratorios que considera importante el proceso de documentación no tiene un miembro definido para el proceso.

Análisis estratégico: DAFO.

[P.37. (Which are the greatest STRENGTHS or CONTRIBUTIONS your FabLab have made up to date?.].
[P.38. (Which are the greatest CHALLENGES within your FabLab have made up to date?.].
[P.39. (What might THREATEN your FabLab progress?.].
[P.40. (Please, describe the greatest OPPORTUNITIES that your FabLab faces nowadays.].
Tratamiento: Agrupación de respuestas significativas.

Fortalezas y Contribuciones

Permitir el acceso a la cultura Open.
Acercar la tecnología a los estudiantes.
Generar un comunidad en torno a la tecnología.
Facilitar el prototipado rápido y el diseño 3D.
Colaborar con múltiples grupos y asociaciones.
Proporcionar formación específica en tecnología.
Formar parte de la FabLab Network.
Desarrollo de varios programas conjuntos con otras entidades.
Acercar el mundo Maker a la ciudad.
Incluir la tecnología y el arte.
Proporcionar nuevas herramientas a la investigación.
Disponer de un espacio libre para la creación.
Permitir el desarrollo de proyectos de estudiantes.

Retos

Obtener el personal adecuado.
Lograr la financiación necesaria.
Acercar la fabricción digital a todo el mundo.
Mejorar o ampliar la maquinaria.
Construir un ecosistema adecuado.
Obtener mayor espacio en las instalaciones.
Sostenibilidad económica.
Documentación de proyectos.
Mantener una cultura Open.
Lograr atraer a más usuarios e incrementar la participación.
Generar un modelo de negocio adecuado.
Lograr mayor colaboración con FabLab exteriores.
Desarrollo de proyectos del propio FabLab.
Lograr la independencia institucional.
Falta de tiempo.

Amenazas

No tener un modelo de negocio sostenible.
Falta de independencia.
Mala gestión por parte de la institución anfitriona.
Situación geográfica.
Falta de cultura innovadora.
Competencia desleal en la propia red FabLab.
Dificultades de financiación y sostenibilidad.
Falta de un espacio oportuno.
Falta de nuevas ideas.
Poca comprensión del concepto FabLab.
Pérdida de apoyo de las instituciones.
Las piezas de suministro y productos concretos.
Falta de expertos en el personal FabLab.
Falta de conexión con otros FabLab.
Falta de infraestructura para otros proyectos.
Falta de personal oportuno.

Oportunidades

Localización próxima a universidades.
Establecer la colaboración con múltiples entidades.
Construir una verdadera comunidad de Makers.
Colaborar con otras entidades para expandir la cultura FabLab.
Situación en un vivero de empresas.
Gran capacidad de los equipos de los proyectos.
Grandes ideas novedosas.
Gran versatilidad.
Primer FabLab de la región.
El movimiento Maker comienza a ser conocido.
Ser parte de una institución con gran cantidad de usuarios.
Inclusión de proyectos de arte y tecnología.
Integración de la fabricación digital y el diseño digital en la educación.
Potencial de crecimiento del prototipado rápido.

Epílogo.

A pesar de que el sentido de esta obra se limita a compartir los resultados obtenidos en el desarrollo de un apartado de nuestra investigación y que, por lo tanto, no es objeto de la misma la interpretación de los datos o la emisión alguna de conclusiones, queremos destacar algunas de los aspectos importantes que, a la luz de los datos, parecen sobresalir.

- El número de FabLabs es, cada día, superior y se encuentra lejos de tocar techo. Es fácil comprobar cómo cada mes son más los laboratorios que se inscriben en fablabs.io, desde modestos laboratorios con bajo equipamiento y presupuesto a espacios dependientes de entidades con elevado presupuesto y fuerte potencialidad para el desarrollo de proyectos.

- El concepto que resume el movimiento Maker en general, y el movimiento FabLab en particular es comunidad. Una comunidad de intercambio de conocimiento, de aprendizaje conjunto, de evolución y desarrollo y de innovación en la que procesos complejos de interacción se desarrollan de forma natural y espontánea permitiendo un flujo de información de incalculable valor. En estos procesos no solo se incluyen las interacciones basadas en proximidad usuario a usuario sino que también deben considerarse las interacciones en distancia gracias a la red internacional o, incluso, las interacciones con empresas y start-ups mediante las que se obtienen plataformas de desarrollo conjunto difícilmente imaginables otrora.

- Los FabLab, los laboratorios de fabricación digital así como todo el movimiento Maker pueden suponer una revolución en la didáctica de las Ciencias, Tecnologías y Matemáticas (STEM) a todos los niveles educativos permitiendo el desarrollo de un nuevo concepto de aprendizaje a partir de la creatividad y el desarrollo tecnológico. De esta manera, despertando el interés por la tecnología y la fabricación digital, por el desarrollo abierto y el trabajo en comunidad y por el aprendizaje competencial, se forja una generación de usuarios digital con un límite establecido en su propia imaginación.

- Pese a que poco a poco el movimiento Maker se está haciendo un hueco en las políticas económicas y sociales de muchos territorios, uno de los aspectos más llamativos es la falta de comprensión de ese movimiento Maker por parte de las instituciones en la mayoría de ellos, abocando a los laboratorios a situaciones complicadas e irracionales en algunos casos.

- Uno de los principales problemas del movimiento FabLab reside en encontrar un modelo de negocio que proporcione la sostenibilidad y la viabilidad suficiente como para permitir su independencia y su subsistencia. Las dificultades económicas ocupan un lugar preferente dentro del día a día de los laboratorios, pero no es el único problema; Encontrar personal con la cualificación necesaria para gestionar los laboratorios también es, a día de hoy, una dificultad añadida.

En definitiva, la comunidad Maker, los laboratorios de fabricación digital y los FabLab en particular son, ante todo una comunidad. Una comunidad abierta, centrada en la creación, el aprendizaje y el intercambio que proporciona a sus integrantes una nueva serie de herramientas y habilidades para ajustar los límites de creación de los usuarios a su imaginación. En el caso de los FabLab, la no consecución de la tan ansiada sostenibilidad, la falta de apertura o el poco cuidado por parte de las instituciones públicas y privadas puede revertir la tasa de crecimiento actual convirtiendo el fenómeno en una nueva suerte de burbuja cultural, desaprovechando tristemente una gran oportunidad para todos.